2019年畜牧业发展形势及2020年展望报告

农业农村部畜牧兽医局
全国畜牧总站 编

中国农业科学技术出版社

图书在版编目（CIP）数据

2019年畜牧业发展形势及2020年展望报告/农业农村部畜牧兽医局，全国畜牧总站编. -- 北京：中国农业科学技术出版社，2020.3

ISBN 978-7-5116-4624-8

Ⅰ.①2… Ⅱ.①农…②全… Ⅲ.①畜牧业经济—经济分析—研究报告—中国—2019②畜牧业经济—经济预测—研究报告—中国—2020 Ⅳ.① F326.3

中国版本图书馆 CIP 数据核字 (2020) 第 030112 号

责任编辑	闫庆健　马维玲　王思文	
责任校对	李向荣	
出 版 者	中国农业科学技术出版社	
	北京市中关村南大街 12 号　邮编：100081	
电　　话	(010)82106632（编辑室）　　(010)82109702（发行部）	
	(010)82109703（读者服务部）	
传　　真	(010)82106625	
网　　址	http://www.castp.cn	
经 销 者	各地新华书店	
印 刷 者	北京科信印刷有限公司	
开　　本	880mm×1 230mm　　1/16	
印　　张	4	
字　　数	71 千字	
版　　次	2020 年 3 月第 1 版　　2020 年 3 月第 1 次印刷	
定　　价	50.00 元	

2019年畜牧业发展形势及
2020年展望报告

编委会

主　　任　　杨振海　　王宗礼

副 主 任　　陈光华　　贠旭江

委　　员　　杨振海　　王宗礼　　陈光华　　贠旭江　　辛国昌　　刘丑生　　张　富

张利宇　　张金鹏　　付松川　　张　娜　　史建民　　刘　瑶　　何　洋

王济民　　杨　宁　　文　杰　　卜登攀　　王明利　　肖海锋　　朱增勇

宫桂芬　　张保延　　张立新　　孟君丽　　郑晓静　　乌兰图亚　　刘　全

李　英　　谢　群　　王　崇　　顾建华　　严　康　　任　丽　　单昌盛

寇　涛　　姜树林　　盛英霞　　崔国庆　　蔡　珣　　刘　统　　林　敏

卿珍慧　　林　苓　　周少山　　余联合　　唐　霞　　李雨蔓　　孙锋博

王缠石　　来进成　　德乾恒美　　张　军　　邵为民

主　　编　　辛国昌　　刘丑生

副 主 编　　张　富　　张利宇

编写人员　　（按姓氏笔画排序）

丁存振　　卜登攀　　马　露　　王明利　　王济民　　王祖力　　文　杰

石自忠　　石守定　　田连杰　　田　蕊　　史建民　　卢昌文　　刘　瑶

刘　全　　朱增勇　　严　伟　　杨　宁　　杨　春　　肖海锋　　何　洋

张利宇　　张　娜　　张朔望　　周振峰　　郑麦青　　赵连生　　宫桂芬

秦宇辉　　徐桂云　　高海军　　郭荣达　　崔　姹　　梁晓维　　腰文颖

前　言

我国是畜牧业大国。畜牧业是农业农村支柱产业，其产值约占农林牧渔业总产值的1/3。畜牧业发展关乎国计民生，肉蛋奶等畜产品生产供应，一边连着养殖场（户）的"钱袋子"，一边连着城乡居民的"菜篮子"。近年来，国内畜牧业生产结构调整加快，国外畜产品进口冲击明显加大，畜产品消费结构也不断调整和升级，我国畜产品供需矛盾由总量不足已经转向供需总体平衡下的结构性、阶段性、季节性供需矛盾，结构性供需矛盾逐步突出，主要表现为周期性市场波动和季节性市场波动相互交织。因此，养殖场（户）如何合理安排生产经营，政府如何引导和调控生产、保障畜产品供应，面临着很大的挑战。

2008年以来，农业农村部以构建权威、全面、动态畜牧业数据体系为目标，探索建立了涵盖生猪、蛋鸡、肉鸡、奶牛、肉牛、肉羊等主要畜种，包括养殖生产、屠宰加工、市场价格、消费交易量、成本效益、国际贸易等全产业链的监测体系，形成了定期部门会商、月度专家会商和适时企业会商制度以及定期数据发布制度，为行业管理和引导生产提供了有力支撑。

为更好地服务和引导生产，农业农村部畜牧兽医局、全国畜牧总站组织畜牧业监测预警专家团队，以监测数据为基础，对畜牧业生产特点和趋势进行了解读，形成了《2019年畜牧业发展形势及2020年展望报告》。本报告凝聚了各级畜牧兽医系统的信息员、统计员的辛勤劳动，以及畜牧业监测预警专家团队的集体智慧，在此一并感谢。

由于水平所限，加之时间仓促，书中难免有疏漏和不足之处，敬请各位读者批评指正。

编　者

2020年2月

目　录

2019 年生猪产业发展形势及 2020 年展望

摘　要

受"猪周期"下行、非洲猪瘟疫情冲击和一些地方不当禁养、限养等因素影响，2019 年全国生猪产能大幅下降，生猪产品价格创历史新高，受到社会各界广泛关注。据国家统计局数据，2019 年生猪存栏 3 1041 万头，比上年下降 27.5%，全年生猪出栏 5 4419 万头，比上年下降 21.5%，猪肉产量 4 255 万吨，比上年下降 21.3%。产能下滑导致猪肉价格、进口数量和全年生猪养殖头均盈利均创历史新高。

据监测[1]，2019 年前三季度生猪产能持续下降，四季度开始有所回升。按照正常猪群周转规律推算，2020 年上半年生猪市场供应仍面临较大压力，如果疫情（注：指非洲猪瘟疫情）稳定，2020 年下半年开始，市场供给将逐步增加。综合判断，2020 年猪肉市场将延续供给偏紧的态势，生猪价格或将维持高位运行。

一、2019 年生猪生产形势回顾

（一）中小规模养殖户加速退出

回顾 2010 年以来变化趋势，全国养猪场（户）比重连续 10 年下降，累计降幅 16.9 个百分点，年均下降 1.7 个百分点。2019 年末，4 000 个定点监测行政村养猪户比重为 7.6%，同比下降 3.6 个百分点，降幅较往年明显加大，表明中小规模养猪户退出速度进一步加快，环比降幅较大的月份为 6 – 10 月。按第三次农业普查 2.3 亿农户测算，2019 年末全国养猪场（户）约 1 755 万户，较 2018 年同期的 2 575 万户，减少 820 万户，同比降幅达 31.8%（图 1）。

（二）受"三碰头"因素影响，生猪存栏及能繁母猪存栏降幅较大

2019 年，"猪周期"下行、非洲猪瘟疫情冲击和一些地方不当禁养、限养等 3 个因素碰头叠加，造成生猪产能大幅下滑。据国家统计局数据，2019 年生猪

---

1 本报告分析判断主要基于 400 个生猪养殖县中 4000 个定点监测行政村、1.3 万家年出栏 1000 头以上规模养殖场、8000 家定点监测养猪场（户）成本收益等数据

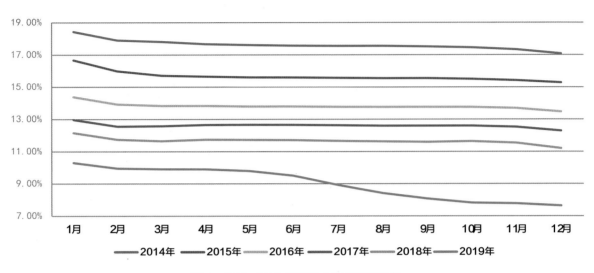

图 1　2014—2019 年养猪户比重变动趋势

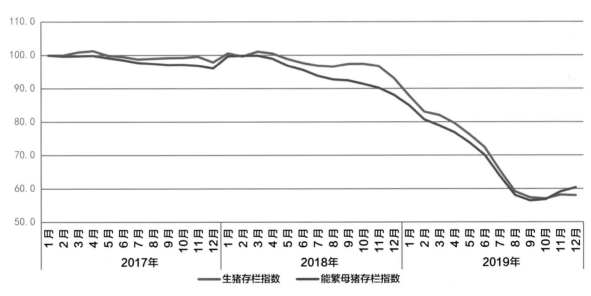

图 2　2017 年以来生猪存栏及能繁母猪存栏变动趋势

存栏 31 041 万头，比上年下降 27.5%，全年生猪出栏 54 419 万头，比上年下降 21.5%，猪肉产量 4 255 万吨，比上年下降 21.3%，均创历史最大降幅。据监测数据显示，前三季度生猪存栏及能繁母猪存栏快速下降，环比降幅较大的为 5-8 月；进入四季度，能繁母猪存栏止降回升，截至 2019 年年底，连续 3 个月环比增长；生猪存栏 11 月止降回升，受季节性集中

出栏影响，12 月稳中略降，但环比降幅明显小于历史同期水平（图 2）。

（三）猪肉产量同比下降四分之一，高猪价明显抑制了居民猪肉消费

400 个县定点监测数据显示，2019 年全年生猪出栏总量同比减少 24.6%；生猪平均出栏活重 123.4 千克，较去年同期的

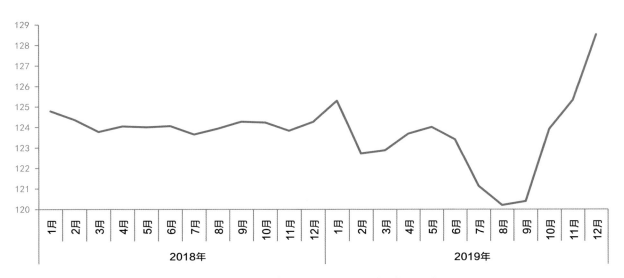

图 3　2018 年以来育肥猪出栏活重变动趋势（千克）

124.1 千克下降 0.6%（图 3）。根据出栏总量和出栏活重综合测算，全年猪肉产量同比降幅约为 25.0%。240 个县集贸市场猪肉交易量监测数据显示，2019 年 8–10 月的猪价上涨，造成居民猪肉消费数量环比和同比明显减少。综合估算，全年猪肉交易量同比下降 17.8%，消费量降幅总体小于猪肉产量降幅，生猪市场供应总体偏紧。

（四）猪价大幅上涨，全年生猪养殖头均盈利约 660 元

500 个县集贸市场价格监测数据显示，2019 年活猪平均价格为 21.1 元 / 千克，较 2018 年的 13.0 元 / 千克，上涨 62.1%；猪肉平均价格 33.6 元 / 千克，较 2018 年的 22.5 元 / 千克，上涨 49.3%。其中，下半年活猪、猪肉价格上涨幅度更大，活猪平均价格 26.2 元 / 千克，比上半年上涨 83.3%；猪肉平均价格 40.8 元 / 千克，比上半年上涨 69.7%；10 月第 5 周活猪价格达到历史最高位 38.7 元 / 千克，同比涨幅 175.9%；11 月第 1 周猪肉价格达到历史最高位 58.7

元 / 千克，同比涨幅 149.2%（图 4）。据对 8 000 个养猪场户定点监测，2019 年生猪平均出栏成本约每千克 13.7 元，平均出栏价格约每千克 19.0 元，全年出栏一头活猪平均盈利约 660 元（图 5）。

（五）猪肉进口大幅增加，出口同比下降

据海关数据，2019 年我国猪肉进口总量为 210.8 万吨，同比增长 76.7%，猪杂碎进口总量约为 113.24 万吨，同比增长 17.9%（图 6）。近几年，我国生猪产品出口主要面向港澳市场，数量稳定在 5 万 ~10 万吨。受非洲猪瘟疫情影响，2019 年猪肉出口总量 2.7 万吨，同比下降 36.2%（图 7）。

（六）不同规模养殖主体分化明显

400 个县监测数据显示，大规模养殖场生猪产能下滑幅度明显小于小散养殖户，体现出较强的抗风险能力。在全国生猪出栏大幅下降的情况下，部分大型养殖

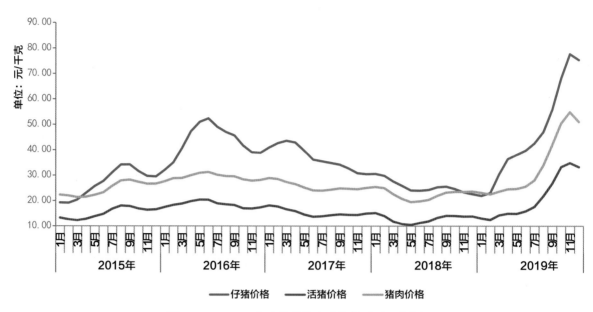

图 4　2015–2019 年生猪价格变动趋势（元 / 千克）

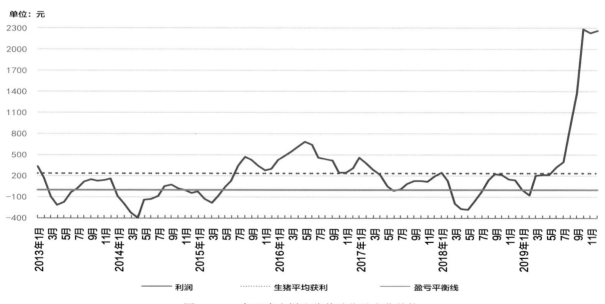

图 5　2013 年以来出栏生猪养殖收益变化趋势

企业生猪出栏却实现逆市增长。上市公司年报数据显示，2019 年傲农生物累计出栏生猪 65.9 万头，同比增幅达到 58.0%；新希望六和累计出栏生猪 355.0 万头，同比增幅近 40.0%；天康生物累计出栏 84.3 万头，同比增长 30.4%；唐人神公司累计出栏 83.9 万头，同比增长 23.4%；天邦股份累计出栏 243.9 万头，同比增长 12.4%；正邦科技累计出栏 578.4 万头，同比增长 4.4%。作为行业龙头的温氏股份和牧原股份，2019 年累计出栏分别为 1 851.7 万头和 1 025.3 万头，同比虽然分别下降 17.0% 和 6.9%，但降幅明显低于 24.6% 的全国平均水平。

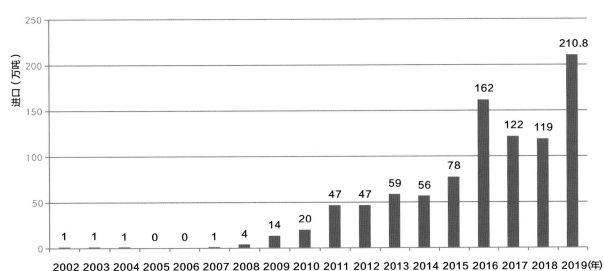

图 6　2002 年以来我国冷鲜冻猪肉进口量变动趋势

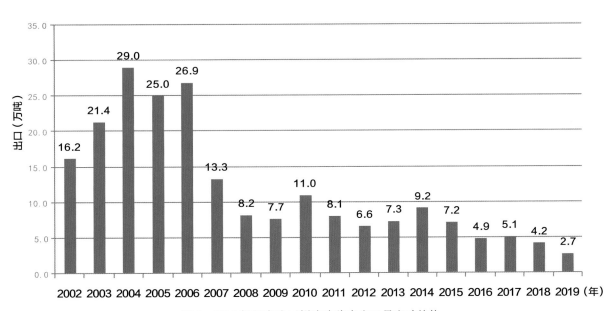

图 7　2002 年以来我国鲜冷冻猪肉出口量变动趋势

二、2020 年生猪生产形势展望

（一）生猪产能将延续恢复态势

8 000 个定点监测户成本收益数据显示，2019 年 9 月，生猪养殖头均盈利历史上首次突破千元，达到 1 377 元；10 月份以来，头均盈利保持在 2 200 元以上，约是常年盈利水平的 10 倍。与此同时，

国家在用地、贷款、保险、环保和交通等领域，出台了一系列扶持生猪生产恢复的政策措施，力度之大前所未有。在高利润刺激和利好政策的拉动下，生猪养殖场户养殖积极性明显提高。400 个县监测数据显示，2019 年 10-12 月，全国能繁母猪存栏环比分别增长 0.6%、4.0% 和 2.2%，连续 3 个月环比增长；规模场恢复更快，

9-12 月，全国年出栏 5 000 头以上规模猪场能繁母猪存栏环比分别增长 3.7%、4.7%、6.1% 和 3.4%，连续 4 个月环比增长。在疫情逐步趋稳的情况下，2020 年生猪产能将稳步恢复。

（二）大型企业集团开启新一轮产能扩张

随着大量小散户的退出及非洲猪瘟疫情逐步趋稳，大型养猪企业集团开始实施新一轮扩张计划，"百万头生猪养殖项目"陆续在各地上马。2019 年 7 月，新希望集团有限公司百万头生猪养殖产业化项目落户重庆彭水；8 月，牧原股份公告称，拟斥资 1.2 亿元在黑龙江、辽宁、河北、河南等 6 个省开展生猪养殖等业务；9 月，新希望六和百万头生猪养殖产业扶贫项目签约仪式在河北省南宫市举行；11 月，唐人神公司年出栏百万头生猪绿色养殖全产业链项目在河南卢氏县落户；2020 年 1 月，唐人神公司年产百万头生猪项目在云南禄丰县开工。一系列签约及开工，预示着大型企业集团正式开启新一轮扩张步伐。

（三）商品母猪留种一定程度缓解产能偏紧

受非洲猪瘟疫情影响，2019 年种猪供应也较为紧缺。中国畜牧业协会对全国 600 家重点种猪企业监测数据显示，2019 年 10 月开始，二元母猪价格超过 4 200 元／头，12 月高达 4 766 元／头，是去年同期价位的 1.9 倍。一方面供应少、价格高，另一方面外部引种风险较大，不少养殖场（户）选择从商品猪中留种。农业农村部规模以上屠宰企业监测数据显示，2019 年 12 月份屠宰企业公母猪屠宰比例分别为 70% 和 30%，母猪数量明显偏少，也说明有不少商品猪被留作种用。正常情况下，商品母猪繁殖效率比二元母猪低 15%~20%，虽然效率较低，但却能在一定程度上缓解产能不足的影响。

（四）2020 年生猪市场将延续供不应求态势，全年生猪养殖盈利将保持较高水平

从基础产能看，据监测，2019 年 3 月开始，能繁母猪存栏同比降幅超过 20.0%，之后降幅持续扩大，到 2019 年 9 月，同比降幅达到 38.9%。按正常猪群周转规律推算，2019 年 3-9 月能繁母猪存栏直接影响着 2020 年 1-7 月可上市商品猪数量。据此，预计 2020 年 7 月份前，可上市的商品猪数量有限；虽然上半年是猪肉消费淡季，但 2020 年春节前居民猪肉储备数量较少，春节过后市场需求也不会太弱，预计猪价不会出现明显下跌。尽管 2019 年三季度以来生猪产能开始恢复，但这些产能释放需要时间，短期内难以有效缓解供需矛盾，2020 年下半年商品猪上市量将会是"底部回升"的态势，预计猪价也会维持高位。从外部因素看，2020 年猪肉进口可能会进一步增加，但受全球贸易量制约，增幅有限。综合判断，在疫情趋稳且没有其他突发因素影响的情况下，2020 年生猪市场将延续供应偏紧态势，全年生猪养殖盈利仍将保持较好水平。

2019 年蛋鸡产业发展形势及
2020 年展望

摘 要

2019 年"在产蛋鸡"存栏量持续上升，雏鸡补栏同比大幅增加，淘汰鸡数量和淘汰日龄正常，鸡蛋产量高于近 4 年平均水平，产能有过剩苗头，但由于对猪肉的替代作用，淘汰鸡价格持续高涨，上半年蛋价淡季不淡，下半年蛋价创历史新高。蛋鸡养殖效益创近 10 年最高值。综合畜牧业协会家禽分会等渠道数据，2019 年新增雏鸡同比增加 20.5%，在产蛋鸡同比增幅 5.7%。按补栏情况推断，2020 年蛋鸡产能达到历史新高，蛋价会逐步高位回落[1]。

一、2019 年蛋鸡产业形势分析

（一）蛋种鸡产能依然过剩

我国蛋种鸡自主育种实力较强，保证了种源供应。2019 年 12 月祖代产蛋种鸡存栏量为 51.00 万套（实际需求量在 36

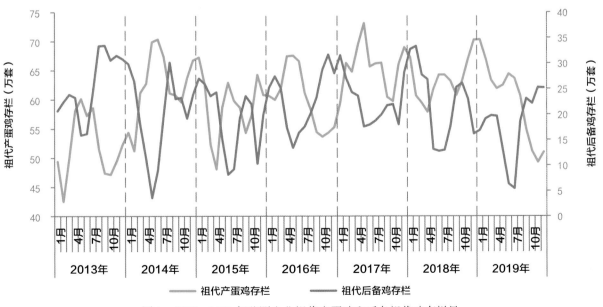

图 1 2013—2019 年监测企业祖代产蛋鸡和后备祖代鸡存栏量

---

1 数据分析判断主要基于全国 12 个省 100 个县（市）500 个村蛋鸡养殖场（户）和规模场的监测数据

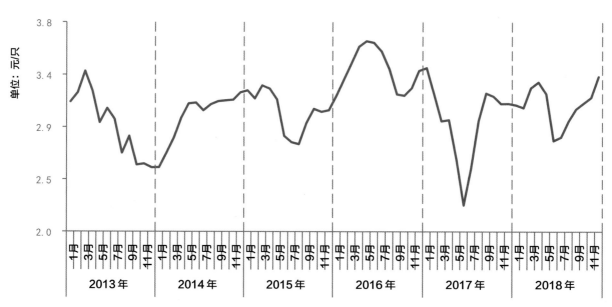

图 2　2013—2019 年监测企业父母代产蛋种鸡存栏量

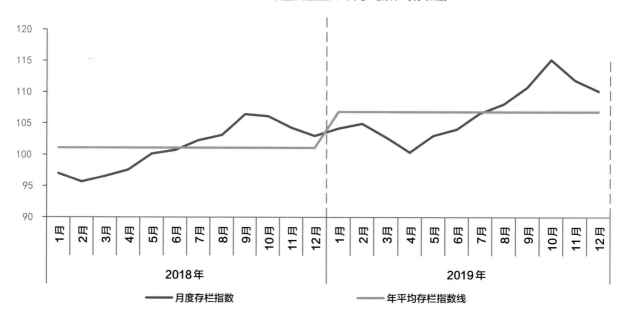

图 3　2018—2019 年在产蛋鸡存栏合成指数变动趋势

万套左右）。2019 年我国祖代蛋种鸡产能持续下降，全年平均在产祖代种鸡平均存栏同比减少 5.2%（图 1），在产父母代种鸡存栏处于高位，平均存栏同比上升 17.5%（图 2），由于蛋鸡养殖效益较好，养殖户补栏积极，商品代鸡苗全年累计销售同比增加 20.1%。

（二）商品代在产蛋鸡存栏稳步上升

2019 年在产蛋鸡存栏持续走高，鸡蛋价格全年高位运行，总收益创历史新高。受蛋鸡行业持续盈利影响，规模场建设加速，超大规模场陆续投产。2019 年在产蛋鸡平均存栏同比增长 5.7%（图 3），新增雏鸡同比增长 20.5%，后备鸡平均存

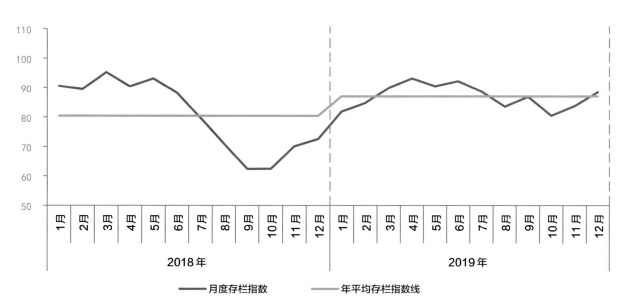

图 4　2018—2019 年后备鸡存栏合成指数变化

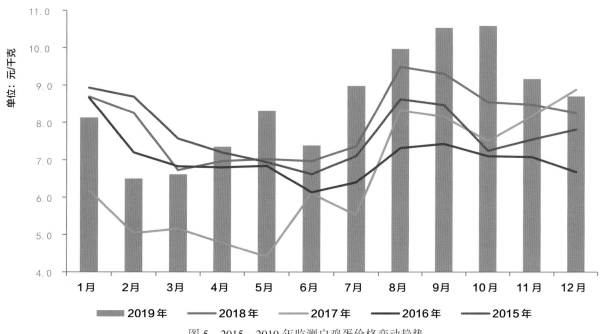

图 5　2015—2019 年监测户鸡蛋价格变动趋势

栏同比增长 8.2%（图 4）。总的看，2019 年在产蛋鸡存栏量持续走高，全年累计鸡蛋产量同比增长 5.7%，均高于近 4 年平均水平，蛋鸡产能有过剩苗头。

（三）鸡蛋和淘汰鸡价格创历史新高

2019 年上半年在产蛋鸡平均存栏和鸡蛋产量处于正常水平，但由于生猪产能下降，淘汰鸡需求量增加，同时食品行业对鸡蛋需求增加（替代部分猪肉），鸡蛋供需偏紧，2019 年鸡蛋价格和淘汰鸡价格达到近 10 年历史最高水平，年平均鸡蛋价格、淘汰鸡价格同比分别上涨 6.4%、29.5%（图 5）。从变化趋势看，鸡蛋价格淡季不淡，蛋价季节性变化规律明显，

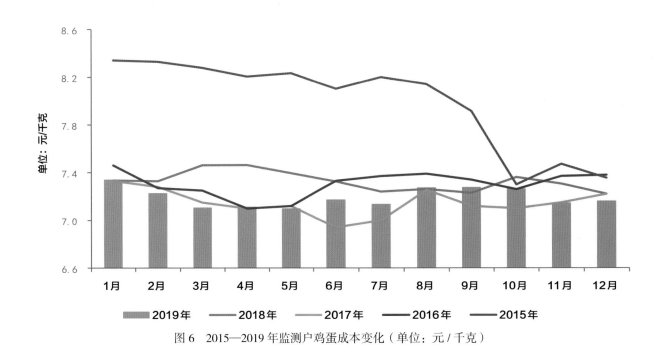

图 6　2015—2019 年监测户鸡蛋成本变化（单位：元 / 千克）

传统节日元旦、春节、中秋、国庆对蛋价提振显著。

（四）饲料成本和鸡蛋成本有所下降

饲料价格处于历年较低水平，蛋鸡养殖成本有所下降，低于近 4 年平均水平。据监测，2019 年 1–12 月，每千克鸡蛋的生产成本为 7.19 元，其中饲料成本为 5.47 元，同比下降 1.9%（图 6）。同时，单产提高、死淘率降低、养殖效率提升有利于降低生产成本。

（五）蛋鸡养殖场（户）高水平盈利

受生猪产能下降影响，2019 年蛋鸡养殖收益达到近 10 年来历史最好水平。2019 年鸡蛋价格和淘汰鸡价格持续上升，只鸡盈利约 44 元，同比增加 16.59 元（图 7）。

二、2020 年蛋鸡生产形势展望

（一）种源供应有保障

2019 年 12 月，祖代产蛋种鸡存栏量为 51.00 万套，高于我国祖代种鸡实际所需 36 万套，产能充足；父母代种鸡存栏 1157.20 万套，同比增长 23.3%，比近 3 年同期平均水平高 38.0%，后续种源供应有保障。

（二）鸡蛋产量继续增长

2019 年受盈利水平和生猪行情影响，蛋鸡加速补栏、下半年补栏量同比增加更多，预计 2020 年度上半年在产蛋鸡存栏达到历史新高位，鸡蛋产量继续增长，预计 2020 年鸡蛋价格将高位回落。

（三）鸡蛋安全驱动品牌鸡蛋市场

近几年，消费者食品安全意识增强，

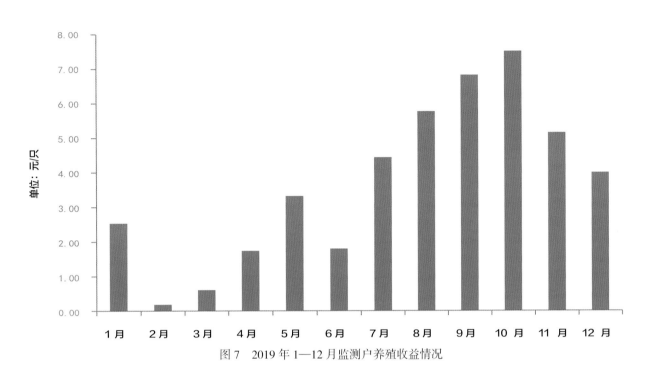

图 7　2019 年 1—12 月监测户养殖收益情况

蛋品安全问题受到消费者广泛关注。国家对鸡蛋中药物残留的高压监管促使大品牌生产商谨小慎微，严格控制投入品，严把饲料和饮水质量，确保产蛋期不用违禁药物，做到产品的可追溯。因此，具有"品牌鸡蛋"生产基地的大企业是为消费者提供优质鸡蛋的放心供应商。

蛋鸡产业规模化、标准化发展的趋势，促使企业进行品牌营销，打造品牌鸡蛋市场，同时，蛋鸡养殖行业的发展竞争也日益激烈，种鸡企业延伸服务，拓展品牌鸡蛋市场，未来蛋鸡行业的竞争会是以品牌蛋为核心的竞争。

（四）积极防范疫病和市场风险

禽流感疫情的高发区主要集中于亚洲、欧洲、北美洲地区。禽流感问题也是我国家禽业面临的最严峻考验。把握市场行情波动，避免盲目跟风补栏，积极防范疫病风险，实行全进全出或分区养殖，避

免疫情传染，防患于未然。积极适应环保政策要求。通过各种媒介形式，提高养殖户的环保意识，创新粪污处理方式，因地制宜、以地定量、适度规模，实现蛋鸡产业循环生态可持续良性发展。

（五）蛋品深加工成趋势

我国蛋品深加工行业急需拓展，并将迎来快速发展期。目前国内鸡蛋深加工产品中液蛋和蛋粉的产量比为 2：1，液蛋的市场需求量快速上升。2008 年以来，我国液蛋产业年均增速为 10%～15%，随着与国际的接轨及人们生活方式的转变，液蛋市场仍有可观的发展前景，其加工比例必然会越来越大，蛋品深加工和产业化是未来的发展重点。

目前，市场上鸡蛋消费主要以鲜蛋为主，随着蛋制品深加工科技水平的不断提高，经过初级加工或深加工的半成品、再制品、精制品及其他以禽蛋为主要原料的新产品不断涌现，我国蛋制品消费将会逐步增加。

2019 年肉鸡产业发展形势及 2020 年展望

摘 要

2019 年肉鸡产业转型升级进一步加快，再加上非洲猪瘟疫情对肉鸡产业的拉动，肉鸡生产、消费和贸易量整体呈上升趋势，肉鸡产业走上发展的快车道。据监测[1]，2019 年全国肉鸡生产大幅增长，肉鸡出栏数增加 14.1%，鸡肉产量增加 12.9%。肉鸡产品价格高位运行，全产业链盈利创历史新高。进口大幅增长，近五年来鸡肉产品贸易额首次出现逆差。

2020 年鸡肉需求还将增加，产量将继续增长，预计增长 12.9%。但应谨防肉鸡产能过剩风险。

一、2019 年肉鸡生产形势

（一）肉鸡生产大幅增长，鸡肉产量增加 12.9%，肉鸡出栏数增加 14.1%

2019 年鸡肉总产量 1 686.7 万吨，同比增长 12.9%。其中：专用型肉鸡产肉量为 1 576.9 万吨，同比增长 14.1%；淘汰蛋鸡产肉量为 109.8 万吨，同比下降 1.3%（表 1、图 1）。

据监测数据推算，2019 年出栏专用型肉鸡 104.7 亿只，其中，出栏白羽肉鸡 44.2 亿只，同比增长 12.2%；出栏黄羽肉鸡 45.2 亿只，同比增长 14.2%（表 2）；出栏小白鸡 15.3 亿只，同比增长 19.3%（表 3）。

（二）种鸡存栏量和商品雏鸡产销量大幅增加

1. 白羽肉鸡产能大幅上升，种鸡存栏增加 11.8%，商品雏鸡产销量增加 13.4%

2019 年白羽肉鸡祖代种鸡平均存栏量 139.3 万套，同比增长 20.6%；平均更新周期缩短 20 天至 637 天，平均在产存栏 81.7 万套，父母代种雏供应量增加 17.5%。祖代鸡全年累计更新 122.3 万套，

1　本报告中关于中国肉鸡生产数据分析判断主要基于 85 家种鸡企业种鸡生产监测数据，以及 1099 家定点监测肉鸡养殖场（户）成本收益监测

表 1 2019 年鸡肉生产量估计

（单位：出栏数，亿只；产肉量，万吨）

项目		2015	2016	2017	2018	2019	2020	增长量	增长幅度
快大白鸡	出栏数	42.85	44.78	40.97	39.41	44.20	49.00	4.80	10.8%
	产肉量	745.0	797.6	761.0	757.3	830.9	921.9	91.0	11.0%
黄鸡	出栏数	37.38	39.53	36.88	39.59	45.23	50.56	5.33	11.8%
	产肉量	445.7	485.1	460.1	502.9	573.0	654.0	81.0	14.1%
小白鸡	出栏数	6.72	7.58	10.09	12.82	15.30	18.21	2.91	19.0%
	产肉量	70.6	79.7	106.0	122.0	173.0	213.0	40.0	23.1%
淘汰蛋鸡	出栏数	13.65	13.55	13.18	10.23	10.10	10.61	0.51	5.1%
	产肉量	142.4	141.3	139.0	111.2	109.8	115.4	5.6	5.1%
专用肉鸡	出栏数	86.95	91.90	87.93	91.83	104.74	117.77	13.03	12.4%
	产肉量	1261.3	1362.4	1327.0	1382.2	1576.9	1788.9	212.0	13.4%
可食用鸡	出栏数	100.60	105.45	101.11	102.06	114.84	128.38	13.54	11.8%
	产肉量	1403.7	1503.7	1466.1	1493.4	1686.7	1904.2	217.6	12.9%

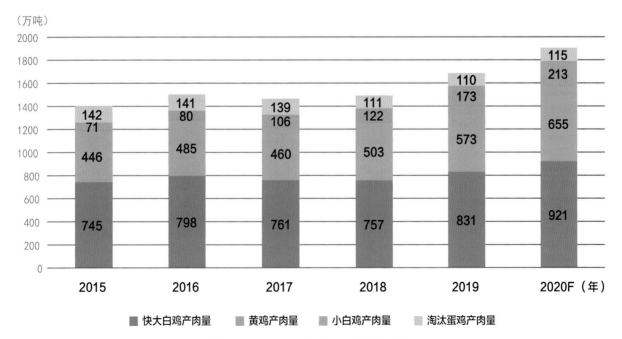

图 1 2015—2020 年鸡肉生产变化趋势

表 2　2019 年肉鸡出栏量监测情况　　　　　　单位：亿只

项目	白鸡			黄鸡			合计		
时间	2018 年	2019 年	同比	2018 年	2019 年	同比	2018 年	2019 年	同比
一季度	7.82	8.80	12.61%	8.64	10.79	24.87%	16.46	19.59	19.04%
二季度	10.60	11.79	11.18%	9.25	10.66	15.23%	19.85	22.45	13.07%
三季度	11.13	12.25	10.10%	10.76	11.45	6.39%	21.89	23.70	8.28%
四季度	9.87	11.36	15.15%	10.94	12.33	12.74%	20.81	23.69	13.88%
上半年	18.42	20.59	11.79%	17.89	21.45	19.88%	36.31	42.04	15.78%
下半年	20.99	23.61	12.47%	21.70	23.78	9.59%	42.69	47.39	11.01%
全年	39.41	44.20	12.15%	39.59	45.23	14.24%	79.01	89.44	13.20%

表 3　2019 年鸡肉生产量监测情况　　　　　　单位：万吨

项目	白鸡			黄鸡			合计		
时间	2018 年	2019 年	同比	2018 年	2019 年	同比	2018 年	2019 年	同比
一季度	150.34	168.59	12.14%	109.21	139.79	28.00%	259.55	308.38	18.81%
二季度	204.26	219.09	7.26%	121.15	136.26	12.47%	325.41	355.36	9.20%
三季度	213.78	235.44	10.14%	134.45	145.03	7.86%	348.23	380.47	9.26%
四季度	188.95	207.76	9.95%	138.09	151.90	10.00%	327.04	359.66	9.97%
上半年	354.60	387.68	9.33%	230.36	276.05	19.84%	584.96	663.73	13.47%
下半年	402.73	443.20	10.05%	272.54	296.93	8.95%	675.27	740.13	9.61%
全年	757.33	830.89	9.71%	502.90	572.98	13.94%	1 260.23	1 403.87	11.40%

同比增加 64.1%；年末存栏 159.1 万套，其中在产存栏 92.2 万套，后备存栏 67.0 万套（图 2、图 4）。

2019 年白羽肉鸡父母代种鸡平均存栏量 5 144.0 万套，同比增长 11.8%；平均更新周期延长 53 天至 469 天，平均在产存栏 3138.4 万套，同比增长 12.4%；商品代雏鸡供应量增加 13.4%。父母代种鸡全年累计更新 4 830.9 万套，同比增加 17.5%；年末存栏 5 617.0 万套，其中在产

存栏 3 141.1 万套，后备存栏 2 475.9 万套（图 3、图 5）。

全年商品雏鸡累计销售量 46.5 亿只，同比增长 13.4%。

2. 黄羽肉鸡产能持续增加，种鸡存栏增加 10.8%，商品雏鸡产销量增加 12.3%

2019 年黄羽肉鸡祖代种鸡平均存栏量 209.6 万套，同比增长 6.4%；平均在产存栏 146.6 万套，同比增长 6.4%；父母代种雏供应量增加 7.6%。年末存栏

图 2　2011—2019 年肉鸡祖代在产存栏数变化

图 3　2011—2019 年肉鸡父母代在产存栏数变化

206.8 万套，其中在产存栏 144.6 万套，后备存栏 62.2 万套（图 2）。

2019 年黄羽肉鸡父母代种鸡平均存栏量 7 475.3 万套，同比增长 10.8%；平均更新周期缩短 41 天至 373 天，平均在产存栏 4 123.2 万套，同比增长 9.9%，商品代雏鸡供应量增加 12.3%。父母代种鸡全年累计更新 8 070.4 万套，同比增加 7.6%；年末存栏 7 966.1 万套，其中在产存栏 4 310.2 万套，后备存栏 3 655.9 万套（图 3）。

全年商品雏鸡累计销售量 49.0 亿只，

同比增长 12.3%（图 6）。

（三）价格高位运行，全产业链盈利创历史新高

2019 年，肉鸡产业各环节产品价格继续上升，产业链综合收益较好，其中种鸡生产环节盈利增幅较大（表 4）。

白羽肉鸡全产业链综合收益为 4.92 元/只，同比增加 44.9%。其中，祖代种鸡和父母代种鸡养殖收益提升较多，分别增加 0.33 元/只和 3.02 元/只，占整体利

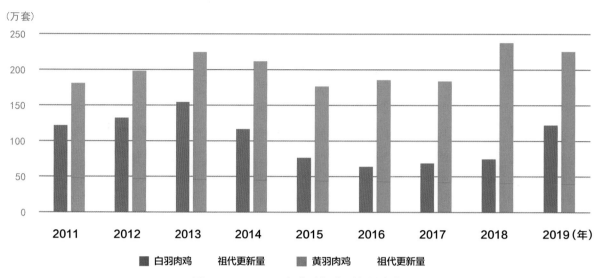

图 4　2011—2019 年肉鸡祖代更新量变化

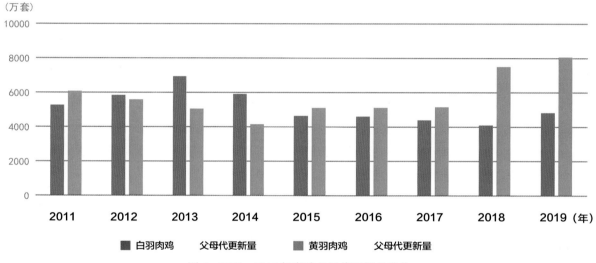

图 5　2011—2019 年肉鸡父母代更新量变化

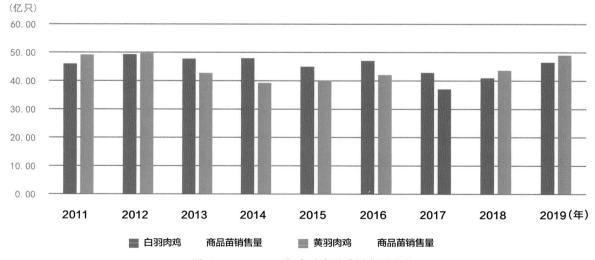

图 6　2011—2019 年肉鸡商品苗销售量变化

表 4　白羽肉鸡各环节产品价格和收益情况

年份	产品价格（元/套，元/千克）				生产单位利润（元/套·月，元/只，元/千克）			
	父母代雏	商品代雏	商品毛鸡	分割鸡肉	祖代种鸡	父母代种鸡	商品肉鸡	鸡肉分割
2015	10.83	1.55	7.29	9.59	−27.28	−12.06	−1.26	0.78
2016	47.70	3.41	7.80	9.96	141.72	13.18	−0.69	0.53
2017	26.73	1.66	6.80	9.15	48.25	−6.59	0.15	0.99
2018	38.80	3.66	8.49	10.42	99.02	14.82	1.65	0.11
2019	68.57	6.78	9.75	12.10	253.19	49.33	−0.44	0.23

表 5　白羽肉鸡产业链各环节收益情况

年份	单位收益（元/只出栏商品鸡）				全产业链收益	收益分配情况（%）			
	祖代	父母代	商品养殖	屠宰		祖代	父母代	商品养殖	屠宰
2015	−0.07	−0.98	−1.26	1.68	−0.39	18.2%	251.5%	324.5%	−431.3%
2016	0.31	1.08	−0.69	1.16	1.86	16.6%	58.1%	−37.3%	62.6%
2017	0.11	−0.59	0.15	2.21	1.88	6.0%	−31.2%	7.8%	117.4%
2018	0.24	1.25	1.65	0.26	3.39	7.0%	36.9%	48.5%	7.7%
2019	0.57	4.27	−0.44	0.52	4.92	11.6%	86.8%	−8.9%	10.5%

表 6　黄羽肉鸡各环节产品价格和收益情况

年份	产品价格（元/套，元/千克）				生产环节单位利润（元/套·月，元/只，元/千克）			
	父母代雏	商品代雏	商品毛鸡	分割鸡肉	祖代种鸡	父母代种鸡	商品肉鸡	鸡肉分割
2015	6.60	2.31	14.82		3.79	2.84	5.43	
2016	6.50	2.28	13.63		3.76	3.05	4.73	
2017	6.07	1.89	12.91		2.27	0.26	2.52	
2018	6.70	2.28	15.19		14.27	6.27	4.64	
2019	9.36	3.24	16.69		25.67	15.70	7.33	

润的 11.6% 和 86.8%（表 5）。

由于商品代雏鸡价格大幅上涨，而商品毛鸡和鸡肉价格增长较缓，鸡肉产品价格触及历史峰值；商品肉鸡养殖和屠宰加工环节利润占比缩减，商品肉鸡养殖小幅亏损（表 6）。

黄羽肉鸡全产业链综合收益为 9.14 元/只鸡，同比增加 68.2%。其中，父母代种鸡养殖收益提升较多，增加 0.99 元/只，占整体利润的 80.2%（表 7）。

（四）种鸡生产效率上升，商品鸡下降

1. 白羽肉种鸡单位产能提升，商品鸡生产效率下降

祖代种鸡种源压力明显缓解，使用周期继续缩短 20 天降至 637 天。每生产单位月供种能力增加 10.98%，使用周期

表 7   黄羽肉鸡产业链各环节收益情况

年份	单位收益（元 / 只出栏商品鸡）				全产业链收益	收益分配情况（%）			
	祖代	父母代	商品养殖	屠宰		祖代	父母代	商品养殖	屠宰
2015	0.02	0.34	5.43	0.00	5.79	0.3%	5.9%	93.9%	0.0%
2016	0.01	0.35	4.73	0.00	5.09	0.3%	6.8%	92.9%	0.0%
2017	0.01	0.03	2.52	0.00	2.56	0.3%	1.2%	98.5%	0.0%
2018	0.06	0.73	4.64	0.00	5.43	1.1%	13.4%	85.5%	0.0%
2019	0.10	1.71	7.33	0.00	9.14	1.1%	18.8%	80.2%	0.0%

表 8   白羽肉种鸡生产参数

年份	祖代			父母代		
	饲养周期（天）	单套月产能（套/月·套）	单套周期产能（套/套·全期）	饲养周期（天）	单套月产能（只/月·套）	单套周期产能（套/套·全期）
2015	555	4.00	50.0	321	11.93	56.1
2016	624	4.65	68.7	370	12.45	78.9
2017	709	5.24	92.3	373	12.30	79.1
2018	657	5.10	81.1	416	12.35	97.0
2019	637	5.66	86.2	469	12.20	117.6

表 9   白羽肉鸡商品肉鸡生产参数

年份	出栏日龄	出栏体重	饲料转化率	成活率	生产消耗指数	欧洲效益指数
2011	46.2	2.24	1.96	92.3%	116.2	228.6
2012	45.0	2.33	2.00	93.6%	117.7	242.3
2013	44.1	2.32	1.95	94.3%	115.7	254.6
2014	43.9	2.35	1.88	95.1%	112.0	271.4
2015	44.2	2.31	1.86	95.1%	111.6	266.2
2016	44.0	2.37	1.79	95.1%	106.9	285.8
2017	43.8	2.48	1.74	95.0%	103.4	309.5
2018	43.6	2.56	1.73	95.9%	102.6	325.8
2019	43.8	2.51	1.74	96.0%	104.1	315.5

供种量增加 6.29%。商品代雏鸡种源需求大幅增加，父母代种鸡使用周期继续延长，2019 年延长 53 天至 469 天。每生产单位月供种能力减少 1.21%，使用周期供种量增加 21.24%。祖代和父母代生产效率都明显提升（表 8）。

商品肉鸡生产效率有所下降，具体表现为：饲养周期延长 0.2 天，出栏体重下降 0.05 千克 / 只，饲料转化率下降 0.58%，生产消耗指数上升 1.5，欧洲效益指数下降 10.3。主要原因是父母代种鸡使用周期延长，商品代雏鸡质量下降，商品代肉鸡

表 10　黄羽肉种鸡生产参数

年份	祖代			父母代		
	饲养周期（天）	单套月产能（套/月·套）	单套周期产能（套/套·全期）	饲养周期（天）	单套月产能（只/月·套）	单套周期产能（套/套·全期）
2015	369	3.22	20.3	470	9.38	90.8
2016	372	3.32	21.2	447	9.55	85.1
2017	367	3.57	22.2	430	8.85	73.8
2018	347	4.54	25.3	414	9.69	75.5
2019	357	4.58	27.0	373	9.90	63.9

表 11　黄羽肉鸡商品肉鸡生产参数

年份	出栏日龄	出栏体重	饲料转化率	成活率	生产消耗系数	欧洲效益指数
2011	82.0	1.75	2.46	96.8%	138.2	84.0
2012	85.9	1.69	2.75	94.9%	152.9	67.7
2013	86.7	1.76	2.72	96.6%	149.2	71.8
2014	90.4	1.78	2.82	96.4%	152.1	67.3
2015	89.1	1.84	2.84	96.0%	151.5	69.8
2016	91.3	1.89	2.81	95.9%	150.2	70.5
2017	98.3	1.92	3.02	95.9%	161.9	62.0
2018	97.3	1.95	3.00	95.5%	167.3	63.9
2019	97.1	1.95	2.97	95.4%	163.8	64.6

生产效率降低（表 9）。

2. 黄羽肉种鸡使用周期缩短，商品鸡生产效率小幅提升

父母代种源需求增加，祖代种鸡利用率提升，使用周期延长 10 天至 357 天。生产效率提升，每生产单位月供种能力增加 0.88%；使用周期供种量增加 6.72%。

父母代饲养量增加，更新速度加快，使用周期缩短 41 天至 373 天。生产效率提升，每生产单位月供种能力增加 2.17%；使用周期缩短，期间供种量减少 15.36%（表 10）。

商品肉鸡生产效率略有提升，出栏日龄减少 0.2 天，平均为 97.1 天；出栏体重本年度与上年相同，平均为 1.95 千克 / 只，饲料转化率提高 1.0%，生产消耗指数下降 3.5，欧洲效益指数提高 0.7（表 11）。

（五）近 5 年来首次鸡肉产品贸易额逆差

2019 年中国在鸡肉生产量和消费量大幅增长的同时，进口数量同样大幅增加，成为世界上的主要鸡肉进口国之一（USDA 估计为第四）；由于国内鸡肉价格的大幅

表 12　鸡肉及产品进出口贸易情况

年份		2015	2016	2017	2018	2019
进口	数量（万吨）	39.48	56.94	45.05	50.28	78.15
	贸易额（亿美元）	8.99	12.30	10.28	11.36	19.79
	贸易额增长率		36.7%	−16.4%	10.6%	74.1%
出口	数量（万吨）	40.62	39.16	43.70	44.68	42.80
	金额（亿美元）	13.86	13.00	14.57	15.78	15.53
	贸易额增长率		−6.3%	12.1%	8.3%	−1.6%
贸易差	数量（万吨）	1.14	−17.78	−1.35	−5.60	−35.35
	贸易额（亿美元）	4.87	0.70	4.29	4.41	−4.26
	贸易额增长率		−85.6%	512.6%	2.8%	−196.5%

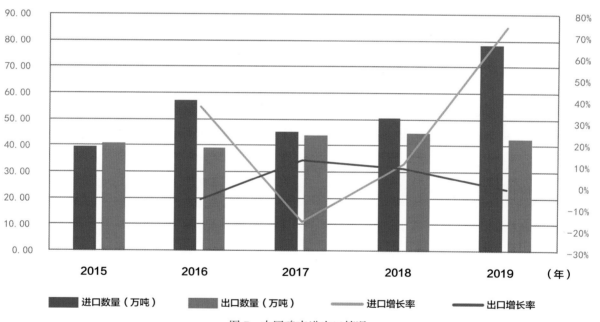

图 7　中国鸡肉进出口情况

数据来源：2019 年海关进出口统计数据

上涨，出口数量减少（图 7）。

2019 年中国鸡肉产品进口量为 78.15 万吨，比上年增加 27.87 万吨，同比增加 55.4%；鸡肉产品出口量为 42.8 万吨，比上年下降 1.88 万吨，同比下降 4.2%（表 12）。中国鸡肉产品出口以深加工制品为主，占比为 61.1%;而进口鸡肉产品基本

是初加工的生鲜鸡肉。2019 年之前，鸡肉进口量大于出口量，但出口产品以深加工制品为主，价格较高，仍保持贸易顺差。2019 年鸡肉进口数量大幅增加，而出口数量反有减少，首次出现贸易逆差（表 13）。

2019 年中国种用与改良用鸡进口

表 13　鸡肉及产品进出口贸易情况

项目			2015	2016	2017	2018	2019
进口	未加工活鸡	数量	0.00	0.00	0.00	0.00	0.00
		占比	0.00%	0.00%	0.00%	0.00%	0.00%
	初加工产品	数量	39.48	56.92	45.04	50.27	78.14
		占比	99.99%	99.97%	99.97%	99.99%	99.99%
	深加工制品	数量	0.00	0.02	0.01	0.01	0.01
		占比	0.01%	0.03%	0.03%	0.01%	0.01%
出口	未加工活鸡	数量	0.55	0.52	0.06	0.01	0.01
		占比	1.36%	1.32%	0.15%	0.02%	0.03%
	初加工产品	数量	18.75	17.64	19.45	17.75	16.65
		占比	46.16%	45.05%	44.51%	39.73%	38.91%
	深加工制品	数量	21.32	21.00	24.19	26.92	26.13
		占比	52.48%	53.63%	55.34%	60.25%	61.06%

注：11–12 月为预测值。

表 14　种用与改良鸡进出口情况

项目		2015	2016	2017	2018	2019
进口	数量（吨）	63.38	64.53	44.02	58.66	83.91
	金额（万美元）	2 196.32	2 895.72	1 865.32	2 861.34	3 935.93
	单价（美元/kg）	346.54	448.72	423.79	487.80	469.04
出口	数量（吨）	0.28	2.22	1.10	0.42	0.00
	金额（万美元）	0.55	4.48	1.81	0.85	0.00
	单价（美元/kg）	19.80	20.14	16.41	20.28	–

量增加 43.1%，为 3 935.9 万美元，同比增加 37.6%；无种用与改良用鸡出口。进口的种用与改良用鸡以白羽肉鸡祖代雏鸡为主，至 2019 年 12 月共计约 122.3 万套，同比增加 64.1%；平均进口价格下降 3.8%，估计祖代鸡价格约为 32.2 美元/套（表 14）。

（六）鸡肉消费大幅增长，对猪肉缺口的替代率约为 25%

2019 年中国鸡肉消费量大幅增加达到 1721 万吨，净增长 221.8 万吨，增幅为 14.8%；人均消费量为 12.0 千克。预计 2020 年继续增加约 220 万吨，总消费量约为 1 940 万吨，人均消费量为 13.5 千克（表 15、图 8）。

2019–2020 中国肉类产量因非洲猪瘟疫情影响，造成猪肉生产量大幅减少；估计 2019 年猪肉产量约为 4 400 万吨，减少约 1 000 万吨；其中约 50% 的肉类消费缺口由禽肉填补，其中：鸡肉消费增加 223 万吨，鸭肉消费增加 270 万吨。预计

表 15 国内鸡肉消费情况

年份	净进口量	总鸡肉量	增长量	增长率	鸡肉消费量	增长量	增长率	人均消费量
2015	-1.14	1 403.67			1 402.53			9.97
2016	17.78	1 503.74	100.06	7.13%	1 521.52	118.98	8.48%	10.76
2017	1.35	1 466.06	-37.68	-2.51%	1 467.41	-54.11	-3.56%	10.33
2018	5.60	1 493.44	27.38	1.87%	1 499.03	31.62	2.16%	10.50
2019	35.35	1 686.66	193.23	12.94%	1 722.01	222.97	14.87%	12.01
2020	35.78	1 904.22	217.56	12.90%	1 940.00	217.99	12.66%	13.48

注：2019 年净进口量为预测值

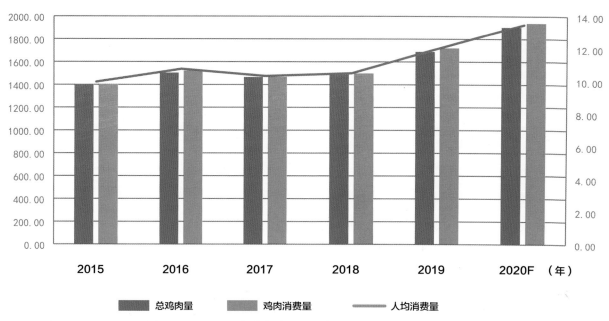

图 8 2015—2020 年鸡肉总量、消费量及人均消费量变化趋势

2020 年猪肉继续减少，鸡肉消费将保持快速增长，估计增幅在 13% 左右，增加量约为 218 万吨。

2019 年鸡肉消费呈四方面特点：一是主要以替代猪肉消费为主；表现为团餐、外卖，以及居民户内消费量大幅增加。二是作为猪肉的替代消费品，南北方表现出显著的地域差别；北方地区主要增加快大白鸡的消费量，南方地区主要增加黄羽肉鸡的消费量。三是团餐与外卖菜品中使用的鸡肉品种中，小白鸡（或称 817、肉杂鸡）的使用量增幅最大。四是黄羽肉鸡的消费通过电商等渠道向北方延伸；白羽肉鸡也通过团餐和快餐等渠道向南方渗透；小白鸡消费量在团餐和外卖中占比继续提高，从华中地区同时向南北两方扩展，向南方的扩展速度更快。

二、2020年肉鸡产业展望

（一）肉鸡生产和市场形势展望

1. 鸡肉消费

非洲猪瘟疫情对生猪生产的影响，鸡肉有望替代其中至少25%，估计达220万吨。

2. 鸡肉生产

种鸡存栏数已大幅提高10%以上，并且保持继续增加的趋势。2020年下半年猪肉产量将逐渐开始恢复，肉鸡生产可能会出现产能过剩。估计鸡肉产量增加12.9%，218万吨；出栏量增加11.8%，13.5亿只。

3. 产业收益

2020年上半年猪肉市场供应继续保持缺口状态，鸡肉将继续替代猪肉消费；生产量与消费量同步增加，价格处于震荡期，全产业链仍能获得很好的收益，但整体收益缩窄。下半年随着猪肉产量的逐渐恢复，鸡肉产量若不出现调整，市场肉类供应量开始增长，产品价格将开始震荡下行，很大概率会出现阶段性产能过剩。全产业链收益将进一步收窄，父母代种鸡和商品代肉鸡生产可能会出现亏损。

（二）肉鸡产业发展展望

1. 白羽肉鸡种源仍主要依赖进口，中国全面启动育种联合攻关项目，加强种源风险防范

2019年中国白羽肉鸡育种联合攻关项目正式全面启动，承担单位为新广农牧有限公司和福建圣农发展股份有限公司。新广农牧有限公司目前共有5个专门化品系分别完成4个以上世代选育，并筛选出

生产性能与国际品种基本持平的配套系。2019年8月15日，历经多年自主培育的"广明1号"白羽肉鸡新品种送国家家禽生产性能测定站（扬州）进行生产性能测定，标志着中国白羽肉鸡育种工作取得实质性进展，并计划2022年完成品种审定，获得新品种证书。同时，福建圣农发展股份有限公司已经自主掌握白羽肉鸡育种技术，这意味着中国白羽肉鸡种源完全依赖进口的局面将会被打破，也打破了外资企业在这个行业长达百年的技术垄断。目前该公司生产经营所需的祖代鸡种源数量已经实现自给有余。该技术有力地支持了白羽肉鸡品种资源实现自有化的国家战略，为实现国家《全国肉鸡遗传改良计划（2014–2025）》规划目标迈出了坚实的一步。

中国在白羽肉鸡育种方面虽取得了一定的进展和突破，但大部分种源还是依赖于外国进口。再加上中国是肉鸡进口大国，对肉鸡的消费逐年增加，消费者对肉鸡的需求由肉质鲜美向正常生长、品种多样等高品质转变，这给中国肉鸡育种自主研发带来了机遇，也给中国肉鸡行业带来了挑战。通过研究不同品种肉鸡的基因组，改变其遗传性状，让新品种的肉鸡更好地适合市场和消费者的需求，是中国肉鸡行业育种研发的发展方向。加快白羽肉鸡育种速度，加强种源防范风险，摆脱白羽肉鸡依赖进口的局面，是中国肉鸡未来发展的重要方面。

2. 中国调整进口政策，扩大肉鸡进口规模

2019年世界肉鸡进出口量大幅增加，

中国肉鸡进口量大增，成为世界鸡肉进口量第四。2019 年实施的一系列措施以及颁布的一系列公告，成为中国肉鸡进口量大幅增加的重要因素，这些因素将会一直持续到 2020 年。2019 年 2 月 17 日，中国商务部认为原产于巴西的进口白羽肉鸡产品存在倾销，并对上述产品征收反倾销税，税率为 17.8%~32.4%，征收期限为 5 年。另外，商务部也同时接受了部分巴西出口企业的价格承诺申请，对于不低于承诺价格的相关产品不征收反倾销税。2019 年 3 月 27 日，中国海关总署颁布了农业农村部公告 2019 年第 55 号（关于解除法国禽流感疫情禁令的公告），根据风险分析的结果，认为法国为禽流感无疫国家，由此取消了 2015 年禽流感以来实施的家禽禁令，法国成为中国肉鸡主要进口国家之一。2019 年 11 月 14 日，中国海关总署和中国农业农村部联合发布了 2019 年第 177 号《关于解除美国禽肉进口限制的公告》，正式解除了自 2015 年以来中国因禽流感对美国禽肉的进口限令。进口禁令的解除，让美国肉鸡重新回到了中国餐桌，在一定程度上有助于缓解国内鸡肉价格上涨的趋势，补充国内市场的肉类蛋白供给。

3. 中国 2020 年起实行饲料禁抗

中国自 2020 年 1 月 1 日起退出除中药外所有促生长类药物饲料添加剂品种，标志着中国农业开始实施最严格的禁抗、限抗、无抗政策。国际社会已认识到抗生素的危害。欧盟 2006 年开始禁止在饲料中使用抗生素，荷兰 2011 年禁抗，美国 2017 年全面禁抗。2019 年 7 月，中国农业农村部发布第 194 号公告，决定停止生产、进口、经营、使用部分药物饲料添加剂。与此同时，兽药生产企业停止生产、进口兽药，代理商停止进口相应兽药产品，同时注销相应的兽药产品批准文号和进口兽药注册证书。饲料"禁抗"、养殖"减抗、限抗"已成为大势所趋。"禁抗"指的是饲料中禁止添加促生长类药物饲料添加剂，一些具有调养机体、健康肠胃、改善吸收、增强免疫、平衡微生态等功能，不属于药物、抗生素的绿色新型产品，可以作为功能型饲料添加剂在饲料中添加使用。在养殖环节并未禁止使用抗菌药物，而是减少抗生素、抗菌药物使用，让终端产品符合残留标准，或无抗菌药物检出。

4. 肉鸡养殖智能化、智慧化水平有待提高

整体来讲，中国肉鸡行业已经基本实现了机械化、规模化和标准化的养殖方式，但肉鸡养殖的智能化和智慧化水平还有待提高。从未来发展趋势看，中国肉鸡养殖行业的长远目标应该是实现智能化和智慧化，这是当前我国肉鸡产业转型升级和国际化面临的瓶颈问题。同时，中国肉鸡养殖业中还存在一部分产能相对落后、生产技术不高的企业，这些企业在发展方式上仍采用依赖消耗资源、依靠传统动力能源和以产量为标准的模式，与绿色生态养殖标准还有一定的距离。

5. 新城疫、禽流感等疫病问题仍不容忽视

新城疫疫情新发次数明显上升。世界动物卫生组织（OIE）公布的数据显示，截至 2019 年 11 月 15 日，全球 8 个国家

新发生 79 起新城疫疫情，造成易感家禽 157 万只，确诊感染家禽 3 169 只，死亡家禽 4 931 只，扑杀处理 138 万只，屠宰 17 万只。USDA-APHIS 称，新城疫属于外来病毒，毒性非常强，主要攻击禽只的呼吸系统、神经系统和消化系统，大部分禽只感染此病毒后，在没有任何临床症状的情况下即突然死亡；目前未发现新城疫会引起食品安全问题，但如果人与感染新城疫的禽只接触，可能会引致轻微症状。

2019 年 11 月上旬，中国台湾农业委员会首次向世界动物卫生组织（OIE）报告，台湾省禽类已确认发生 4 起新的高致病性禽流感疫情，至少有两种不同的 HPAI 病毒。OIE2019 年的监测数据还显示，H5 亚型高致病性禽流感在世界范围内的家禽中仍广泛流行，另外，H7 亚型分别在墨西哥（H7N3）和中国（H7N9）家禽中有报道，且 2019 年的 H7 的免疫保护效果相比过去 2 年有所下降。

2019 年奶业发展形势及 2020 年展望

摘　要

2019 年奶业发展形势稳步向好，国产和进口双增，生产和消费两旺，迈出奶业振兴坚实的第一步。据生鲜乳收购站监测数据显示，生鲜乳产量继续增长，全年累积产奶量为 2 044 万吨，同比增长 5.7%；奶牛单产持续提高，平均单产 8.0 吨，比 2018 年提高 7.9%；奶牛存栏下降趋势减缓，12 月底全国荷斯坦奶牛存栏 460.7 万头，同比减少 1.8%；标准化规模化养殖已成主体，12 月底生鲜乳收购站涉及奶牛养殖户户均存栏 166 头，同比增加 12

头；生鲜乳价格持续上涨，2019 年价格均高于往年同期，生鲜乳价格在 1-4 月出现季节性回落后再次上涨，全年平均价格为 3.84 元 / 千克，与 2018 年全年平均价格相比增长 5.5%；奶牛养殖效益增加，固定监测规模场全年平均产奶利润为 0.57 元 / 千克，同比增加 0.16 元 / 千克；全产业链素质稳步提升。展望 2020 年，奶牛存栏企稳回升，生鲜乳产量将继续增长，而消费量也将保持增长态势，总的来看，国产原料供给偏紧，进口保持增长，养殖收益保持较好水平[1]。

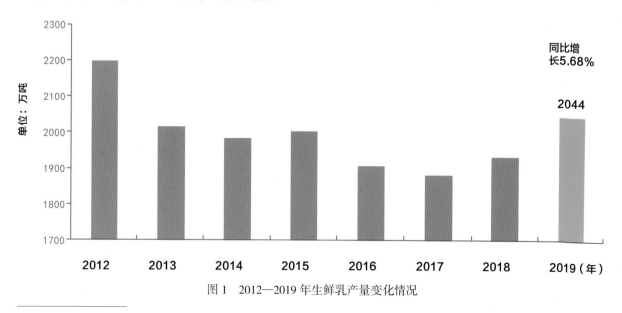

图 1　2012—2019 年生鲜乳产量变化情况

1　本报告分析主要基于全国所有持证生鲜乳收购站、50 个奶牛大县、730 个奶牛养殖户、90 个大规模牧场等数据

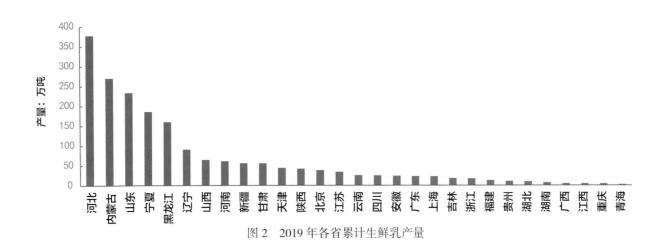

图 2　2019 年各省累计生鲜乳产量

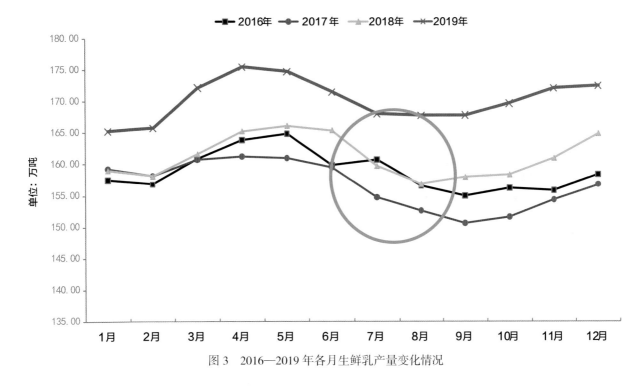

图 3　2016—2019 年各月生鲜乳产量变化情况

一、2019 年奶业形势分析

（一）奶牛生产稳步向好发展

1. 生鲜乳产量持续增长

据生鲜乳收购站监测数据显示，2019 年全国荷斯坦奶牛生鲜乳产量为 2 044 万吨，同比增长 5.7%（图 1），继 2018 年以来产奶量持续增长。生鲜乳生产如往年一样仍呈现比较明显的区域性和季节性特征。从区域性来看，北方仍然是生鲜乳主产区，其中河北、内蒙古、山东、宁夏、黑龙江等 5 个省（区）为奶源优势产区，根据 1−12 月生鲜乳收购站监测数据显示，奶源优势主产区生鲜乳产量占全国总产量的 64%，同比增长 6.7%，以上各省主产优势呈现增长趋势（图 2）。从季节来看，根据气象学划分 3−5 月为春季，6−8 月为夏季，9−11 月为秋季，

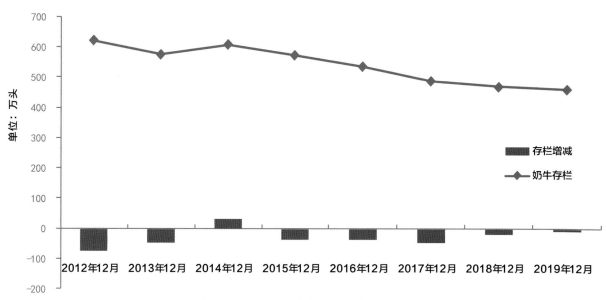

图 4　2012—2019 年奶牛存栏变化情况

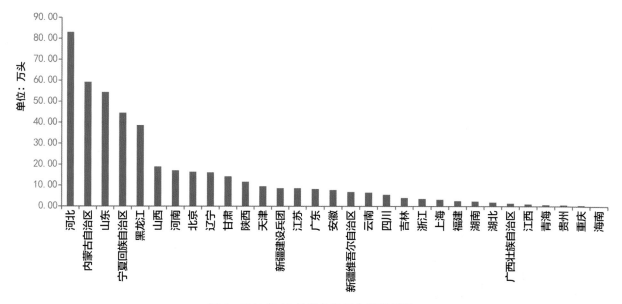

图 5　2019 年 12 月底各省奶牛存栏情况

12月至翌年2月为冬季,奶源优势产区(以上5省)在春季、夏季、秋季的供奶占比也均为64%,其中夏季产奶量低于春季、秋季,表明热应激对生鲜乳产量的影响仍然存在(图3)。

2. 奶牛存栏降幅平缓

据生鲜乳收购站监测数据显示,2019年12月底全国荷斯坦奶牛存栏460.7万头,同比减少1.8%,虽然奶牛存栏仍持续减少,但降幅同比收窄了2.0%(图4)。1-12月奶牛存栏降幅变化相对平缓,存栏减少主要在2019年第一季度。从区域看,奶牛养殖主要集中在北方地区,其中河北、内蒙古、山东、宁夏、黑龙江5个省(区)奶牛养殖占全国总存栏量的61%(图5),与2018年占比相同。

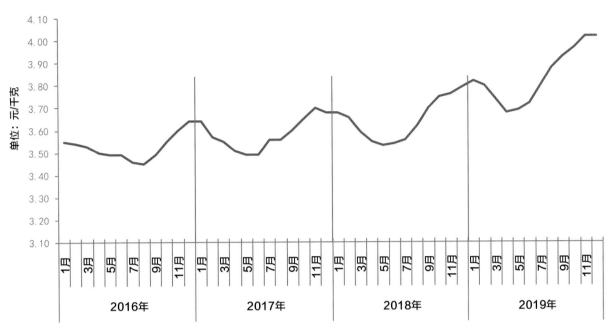

图6 2016—2019年生鲜乳价格变化情况

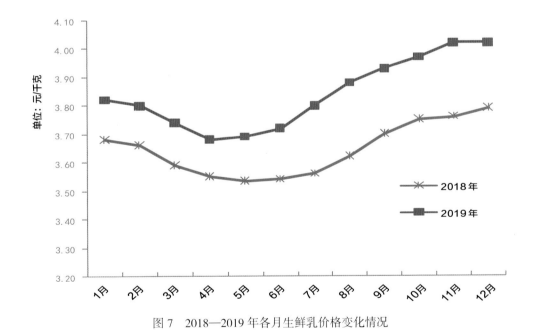

图7 2018—2019年各月生鲜乳价格变化情况

3. 生鲜乳价格高位运行

2019年1-12月生鲜乳价格总体呈上涨态势，均高于2018年同期。季节性特征明显，2019年1-4月，生鲜乳价格出现季节性回落，随后呈现持续增长，2019年12月生鲜乳价格为4.02元/千克，同比上涨6.1%（图6、图7）。由于奶源优势产区的地理位置导致我国南北方生鲜乳价格差异较大（以秦岭—淮河为界划分南北方），2019年1-12月南方生鲜乳平均价格均高于北方，尤其在夏季6-8月奶源供应紧缺时差异更为突出，南方生鲜乳价格

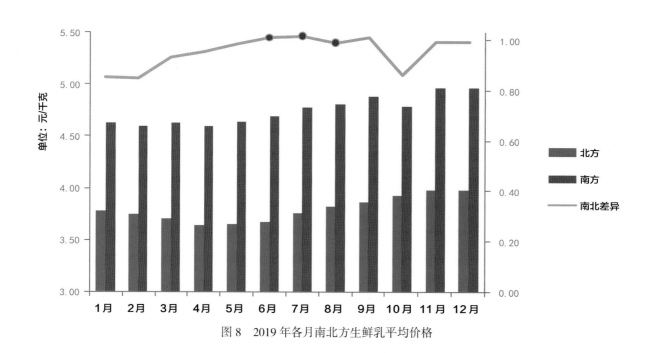

图 8　2019 年各月南北方生鲜乳平均价格

与北方平均相差 1.00 元 / 千克（图 8）。1–12 月北方生鲜乳总平均价格为 3.79 元 / 千克，南方 1–12 月生鲜乳总平均价格为 4.75 元 / 千克，较北方高出 0.96 元 / 千克（图 8）。

在经历 2015–2017 年存栏持续减少、生鲜乳价格低位运行、生鲜乳产量下降的漫长下行周期后，奶牛养殖业从 2018 年下半年转入上行周期，2019 年奶业形势明显好转，生鲜乳价格节节攀升，一方面随着乳制品消费不断增长，虽然国内生鲜乳产量略有增加，但国内原奶供应已从相对过剩转为供给偏紧，致使生鲜乳价格上涨；另一方面由于进口大包粉价格上涨和人民币相对美元贬值的双重影响，折算为生鲜乳的价格已同国内生鲜乳价格接近，进口粉替代国内奶源的价格优势正在减弱，从而加剧了国内奶源竞争，促进生鲜乳价格上涨。同时由于国内饲料原料价格上涨以及用工成本的增加，导致生鲜乳平均生产

成本增加，也促使生鲜乳价格进一步上涨。

4. 养殖效益提升

2019 年养殖场生产效益虽然出现季节性波动，但随着生鲜乳价格持续上涨，养殖场平均产奶利润均高于往年同期，自 2019 年 5 月份之后养殖效益不断增加。2019 年 12 月固定规模场监测平均产奶利润为 0.71 元 / 千克，折合单产 7.5 吨的产奶利润为 5 325 元 / 头，同比增加 1 125 元 / 头。2019 年 1–12 月，固定规模场监测生鲜乳平均成本为 3.25 元 / 千克，平均产奶利润为 0.57 元 / 千克，折合成年单产 7.5 吨的产奶利润为 4 275 元 / 头（图 9）。

（二）奶业全产业链素质稳步提升

1. 规模化牧场已成发展主体

规模化养殖是提高生鲜乳质量、保障乳品质量安全、实现奶业振兴的重要措施。据监测数据显示，2018 年是全国

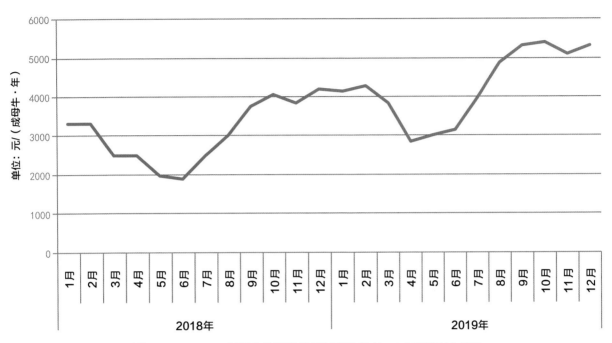

图 9　2018—2019 年固定监测规模场年平均单产 7.5 吨利润变化情况

图 10　2012—2019 年生鲜乳收购站涉及奶牛养殖户均存栏变化情况

规模化转型快速发展的一年，养殖户平均存栏同比增加 44 头，到 2019 年我国现代化、标准化、规模化牧场已成发展主流，截至 2019 年 12 月底全国奶牛养殖场（户）平均存栏 166 头，同比增加 12 头（图 10）。标准化规模化养殖比重

逐渐增加，100 头以上规模养殖比例从 61.4% 提高到了 64.0%。

2. 单产水平继续稳步提高

随着 2019 年全面落实奶业振兴行动，标准化规模养殖进一步发展，奶牛单产水平继续不断提高。截至 12 月，全国荷斯

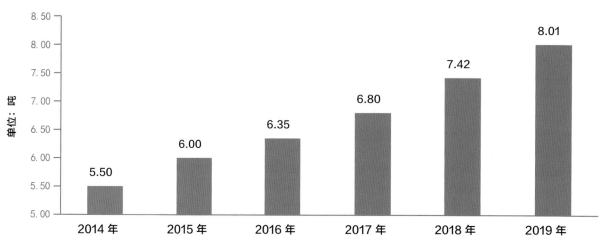

图 11　2014—2019 年奶牛年平均单产情况

坦奶牛平均单产为 8.0 吨，比 2018 年提高了 7.9%（图 11）。

3. 乳品质量安全持续提升

《中国奶业质量报告（2019）》显示，2018 年生鲜乳抽检合格率 99.9%，同比提高 0.1 个百分点；三聚氰胺等重点监控违禁添加物抽检合格率连续 10 年保持 100%。乳制品总体抽检合格率 99.7%，婴幼儿配方乳粉抽检合格率 99.9%。

4. 奶业产销两旺

奶牛养殖业逐渐回暖，实现恢复性增长。近年来，奶牛养殖规模化进程加快，乳制品消费升级，虽然生鲜乳产量回升，但原奶供应仍然不能满足不断增长的需求，促使 2019 年生鲜乳价格稳步上涨，奶牛养殖企业效益也随之增长或扭亏为盈。在市场需求不断增长的带动下乳品加工企业的产量和营收也进一步增长。据国家统计局统计，2019 年乳制品产量同比增长 5.6%。据企业财报显示，2019 年伊利、蒙牛等乳品企业营业收入和净利润继续保持较快增长。

5. 乳制品消费仍存在增长潜力

根据《中国奶业质量报告（2019）》数据显示，2018 年中国人均乳制品消费量折合生鲜乳为 34.3 千克，约为世界水平的 1/3，主要以液态奶消费为主。美国人均奶酪消费 17.2 千克，折合生鲜乳 172 千克；欧盟人均奶酪消费 18.3 千克，折合生鲜乳 183 千克；中国人均奶酪消费 0.1 千克，折合生鲜乳 1 千克。从整体看，我国乳制品消费增长潜力巨大。

（三）乳品进口大幅增长

随着城市化进程加快、居民收入增长以及计划生育政策的调整，乳品总消费量呈现稳定增长态势，而国内奶源供应紧缺，乳企之间奶源争夺进一步加剧，导致 2019 年乳品进口大幅增长。2019 年累计进口乳制品 298.4 万吨，同比增加 12.8%（图 12），折合鲜奶约 1 741.7 万吨。其中进口奶粉 139.5 万吨，同比增长 20.9%，乳清粉 45.1 万吨，同比下降 18.7%，鲜奶 89.1 万吨，同比增长 32.3%。

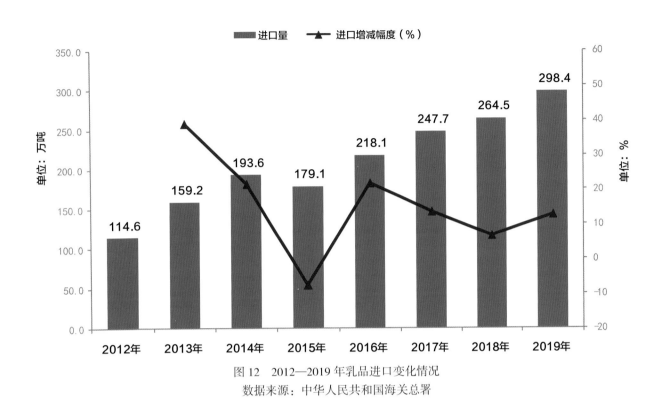

图 12   2012—2019 年乳品进口变化情况
数据来源：中华人民共和国海关总署

二、2020 年奶业展望

（一）奶牛存栏量将企稳回升，原料乳产量继续增加

国内生鲜乳供给从前几年的相对过剩到当前供给偏紧，奶牛养殖收益持续好转，养殖积极性较高，2020 年奶牛存栏量将会有所回升，商品原料乳产量也将继续增加。

（二）原料乳需求将继续增加，生鲜乳价格波动上涨

近些年国产乳品品质不断提升，大大增加了国内消费者对国产乳制品的信心，预计 2020 年乳制品消费量仍将保持增长，同时随着消费转型升级，对奶酪等优质乳制品的需求也将持续增加，这会进一步增加原料乳的需求，国内原料乳供给总体呈偏紧态势，生鲜乳的价格将继续上涨，养殖好保持较好收益，同时会继续带动进口的增长。

（三）产业素质将稳步提升，竞争力逐步增强

2020 年各地将继续落实国务院办公厅《关于推进奶业振兴保障乳品质量安全的意见》和农业农村部等九部委制定《关于进一步促进奶业振兴的若干意见》，加快奶业发展，标准化规模化和奶牛单产水平将进一步提高，产业素质和竞争力都将得到提升。

2019 年肉牛产业发展形势及 2020 年展望

摘 要

2019 年，受产业扶贫和部分省份"稳羊增牛"政策带动，肉牛产业发展整体平稳，牛肉产量小幅增加，养殖效益显著提升，牛肉消费需求快速增长，带动进口大幅增加，肉牛及其产品价格保持高位运行。展望 2020 年，肉牛产业将继续保持稳中向好态势。肉牛存栏有望小幅增加，养殖规模化程度和生产效率将逐步提升，牛肉产量继续增长，但仍不能完全满足国内不断增长的需求，肉牛产品将保持高位运行，并进一步拉动牛肉进口。

一、2019 年肉牛产业运行保持稳定

（一）生产供给小幅增长，产业扶贫、"粮改饲"试点区保持增长

1. 全年牛肉产量同比有所增加[1]单产贡献明显

本年肉牛养殖散户继续退出，规模化程度逐步提升，与此同时受牛肉价格高涨的影响，养殖户出栏周转放缓但出栏头均活重大幅增加，产量小幅增长。据监测，2019 年 1–11 月肉牛出栏指数同比减少 3.9%，出栏肉牛头均活重同比增加 6.2%（33.3 千克 / 头），结合出栏指数和出栏活重，1–11 月牛肉产量同比增加 1.9%。

2. 肉牛存栏、能繁母牛存栏均小幅增加，监测的贫困县、粮改饲试点区保持增长

因实施产业扶贫、粮改饲以及新疆、内蒙古实施"小畜换大畜""稳羊增牛"等政策，带动了肉牛养殖发展。据监测，2019 年 11 月，肉牛存栏同比增加 1.4%，其中监测的贫困县[2]、粮改饲试点地区[3]肉牛存栏同比分别增加 2.7%、5.1%（图 1）。2019 年 11 月，能繁母牛存栏同比增加 0.3%，其中监测的贫困县、粮改饲试点地区能繁母牛存栏同比分别增 0.5%、3.0%（图 2）。值得注意的是，牛源供求依然趋紧，能繁母牛和犊牛架子牛市场价格一定程度上反

1　本报告分析判断主要基于 22 个省（区、市）100 个县的 500 个定点监测行政村、750 个定点监测户、约 1350 家年出栏肉牛 100 头及以上规模养殖场的养殖量及成本收益等数据，存栏、出栏指数为结合监测村和规模场数据及占比参数进行综合折算
2　监测的贫困村涉及 10 个省（区）15 个县 42 个村
3　监测的粮改饲试点区涉及 11 个省（区）27 个村

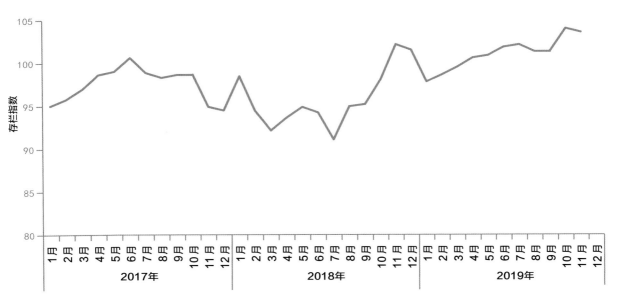

图 1　2017 年以来肉牛存栏指数变化趋势

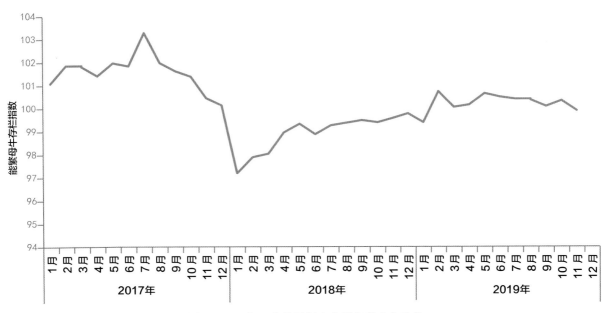

图 2　2017 年以来能繁母牛存栏指数变化趋势

映了市场牛源情况。监测的部分区域犊牛价格上涨到 60~110 元 / 千克（40~50 千克 / 头），监测的哈尔滨宾县、吉林伊通县能繁母牛市场价达 23 000~25 000 元 / 头。

3. 肉牛生产效率和生产管理水平提升，肉牛饲喂青贮等带动了节本增效

一是部分区域注重肉牛养殖品种改良。新疆部分区域鼓励农牧民小畜换大畜，

开展品种改良，促进牧民转变生产经营方式。二是产业扶贫区更注重优良品种、科学养殖技术的推广，甘肃在落实肉牛产业扶贫过程中，加大优质肉牛品种和节本增效养殖技术的推广。三是整县推进畜禽粪污资源化利用，提升肉牛圈舍和粪污处理设施装备的提升，提高了生产效率。四是落实秸秆综合利用扶持政

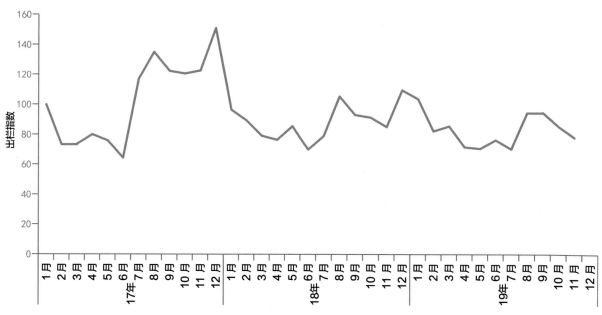

图 3　2017 年以来肉牛出栏指数变化趋势

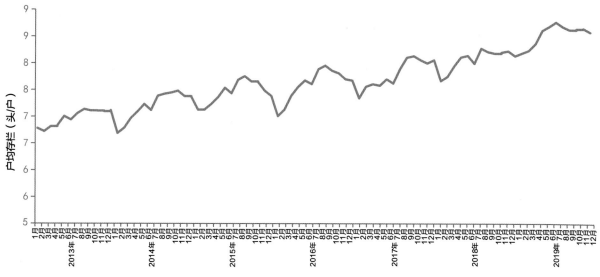

图 4　2013 年以来肉牛监测户户均存栏变化趋势

策、粮改饲试点，增加了粗饲料、青饲料市场供给。五是母牛繁育水平有所提升，多数区域基本实现一年一胎。六是饲喂青贮带动节本增效，本年肉牛养殖粗饲料费有所下降，育肥出栏肉牛头均粗饲费为 437.0 元，同比下降 1.6%，繁育出售架子牛头均粗饲费为 760.4 元，同比下降 4.6%，全株青贮玉米饲喂肉牛，

每头育肥牛节省饲料成本约 270 元。

4. 肉牛养殖规模化程度逐步提升，产业融合发展凸显

随着肉牛养殖散户持续退出，肉牛养殖规模化程度不断提升，2019 年 11 月，监测的肉牛养殖户比重为 19.1%，肉牛户均存栏约为 9 头，同比增加 4.4%(图 4)。在粮改饲、草牧业试点、整县推进畜禽

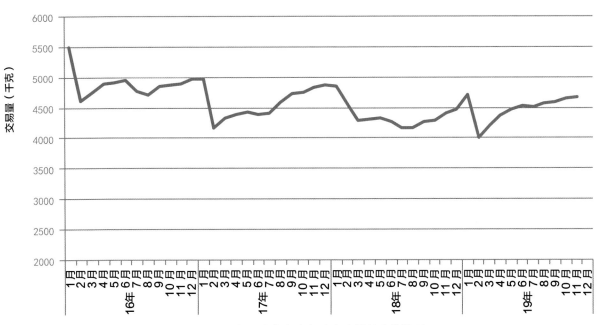

图 5　2016 年以来集贸市场牛肉交易量变化情况

粪污资源化利用项目带动下，种养结合、生态循环的肉牛产业发展模式逐步推进。部分区域通过建链补链强链，推动肉牛全产业链融合发展。

（二）牛肉市场需求旺盛，交易量增加

随着城乡居民肉类消费升级，以及非洲猪瘟疫情影响，牛肉消费需求明显增长。经测算，2019 年城乡居民牛肉消费量同比增长约 5.0% 以上。另据农业农村部对 240 个县集贸市场牛肉交易量监测，2019 年牛肉平均交易量同比增长 2.9%，终端消费需求明显增长（图 5）。

（三）牛肉进口量继续大幅增加，进口来源国扩大

1．牛肉进口量大幅增加

2019 年我国进口牛肉 175.93 万吨，同比增加 56.3%；平均到岸价格 4 904 美元 /

吨，同比上涨 6.1%（图 6）。2019 年我国出口牛肉 218.04 吨，同比减少 49.7%；平均出口价格 7 538 美元 / 吨，同比上涨 2.2%，牛肉贸易一直呈净进口格局。

2．进口来源国逐步扩大

考虑非洲猪瘟影响下，国内牛肉需求激增，国家提出了放宽对蒙古活牛等的进口，并承诺放开对英国牛肉的进口限制。2019 年，法国牛肉获得准入中国市场，2019 年 12 月 22 日，海关总署正式公告解禁日本牛肉。进口监管逐步加强，2019 年 12 月 18 日，结合印度发现 3 起牛结节性皮肤病疫情，海关总署和农业农村部联合发文，禁止直接或间接进口印度的活牛及其相关的产品。

（四）牛肉供求依然趋紧，价格高位上涨，养殖效益利好

1．牛肉价格持续高涨

近两年牛肉供求总体趋紧。全国牛

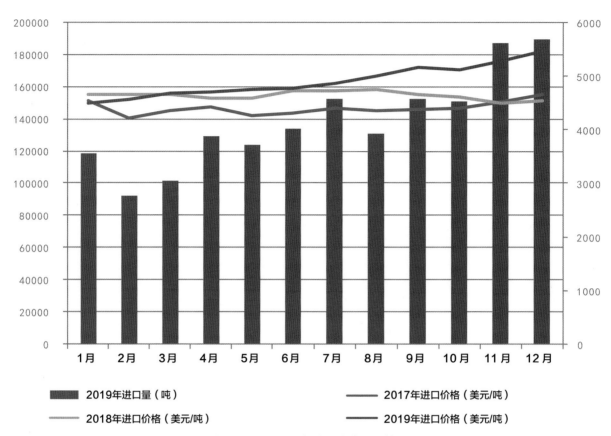

图 6 2017—2019 年我国牛肉进口情况

肉产品价格从 2017 年 8 月开始进入上行通道，2019 年以来，牛肉价格持续波动上涨，第 49 周价格为 82.01 元 / 千克，同比涨 21.4%。2019 年 1~49 周平均价格为 72.57 元 / 千克，同比上涨 11.7%。尤其是 2019 年第 31 周以来，牛肉价格同比涨幅超两位数（图 7）。

2. 养殖效益呈现高成本、高收益格局

2019 年育肥出栏肉牛平均价格为 28.32 元 / 千克，同比上涨 7.63%；育肥出栏肉牛头均纯收益为 2 048 元，同比增长 31.9%；繁育出售架子牛平均价格为 31.76 元 / 千克，同比上涨 15.3%；繁育出售架子牛头均纯收益平均为 3 981 元，同比增长 31.1%（图 8）。同时，犊牛架子牛费、母牛价值摊销、饲草料费等肉牛养殖主要成本均有不同程度增加。

二、2020 年肉牛产业展望

（一）牛肉生产供给将小幅增加

肉牛存栏将小幅增加。粮改饲试点、产业扶贫、牧区"小畜换大畜""稳羊增牛"将带动部分区域肉牛养殖发展，同时较好的市场行情也会增加养殖户的补栏积极性，肉牛存栏会略有增加，但牛源供求偏紧格局短期内难以实质性缓解。肉牛出栏活重有望继续提升。随着肉牛规模化水平提升，养殖技术的提高，出栏肉牛活重有望继续增加，牛肉产量将继续增加。

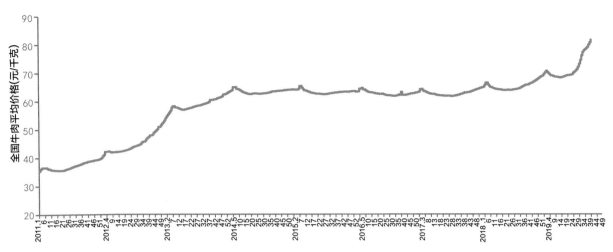

图 7　2011 年以来全国牛肉平均价格情况

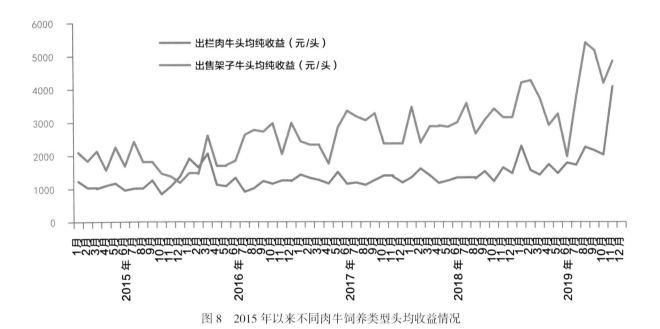

图 8　2015 年以来不同肉牛饲养类型头均收益情况

（二）牛肉消费需求继续明显增长

随着居民肉类消费的持续转型升级，以及生猪生产短期难以恢复到正常水平，牛肉消费仍将保持小幅增长的态势。

（三）牛肉供求总体紧平衡

国内牛肉供给保持偏紧格局，牛肉进口量将继续增加，尤其母牛、犊牛市场紧缺，牛肉价格继续高位运行。

2019 年肉羊产业发展形势及 2020 年展望

摘　要

2019 年我国肉羊生产稳中有升，肉羊存栏和羊肉产量同比有所上升，但能繁母羊存栏和新生羔羊总量同比有所下降；肉羊出栏价格及羊肉价格明显上涨，达到历史高位水平，肉羊养殖效益显著提升；羊肉进口数量大幅增长，贸易逆差进一步扩大。展望 2020 年，肉羊产业发展趋势向好，预计肉羊生产将继续恢复，羊肉消费稳中有升，供需仍将总体平衡偏紧，价格行情预计较好，肉羊养殖效益将继续保持高位水平[1]。

一、2019 年肉羊产业发展形势

（一）肉羊生产继续恢复

1. 肉羊规模养殖水平继续提升

2019 年养羊户比重呈持续下降态势（图 1），平均养殖规模呈上升趋势（图 2）。据监测，2019 年 10 月监测县养羊场（户）数量同比下降 1.7%，养羊场（户）占所有

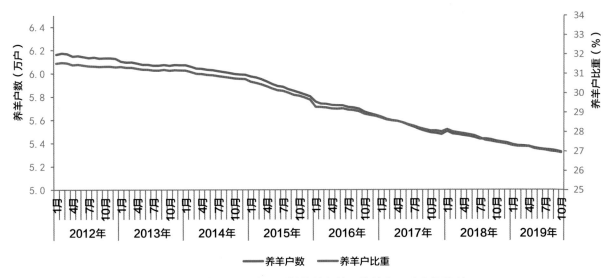

图 1　2012 年 1 月以来监测村养羊户数和养羊户比重变化情况

1　本报告分析主要基于全国 100 个养羊大县中 500 个定点监测村、1500 个定点监测户和年出栏 500 只以上规模养殖场数据

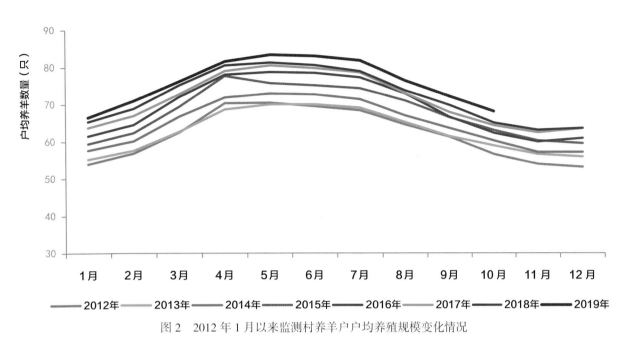

图 2　2012 年 1 月以来监测村养羊户户均养殖规模变化情况

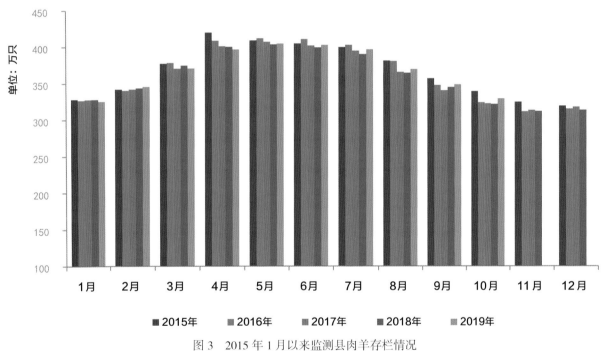

图 3　2015 年 1 月以来监测县肉羊存栏情况

农户的比重为 26.9%，同比下降 0.5 个百分点；2019 年 1-10 月户均养殖规模 76.0 只，同比上升 2.8%；受环保政策影响，规模养殖场数量同比下降 1.8%。

2. 肉羊存栏量同比有所上升

2019 年 10 月，监测县肉羊存栏同比上升 1.8%。从变化趋势上看，年度内肉羊存栏呈先上升又下降趋势，自 2019 年 5 月开始肉羊存栏数量高于 2018 年同期水平，2019 年 10 月肉羊存栏数量达到 2015 年以来同期高位水平（图 3）。绵羊和山羊走势出现分化，绵羊存栏同比上升

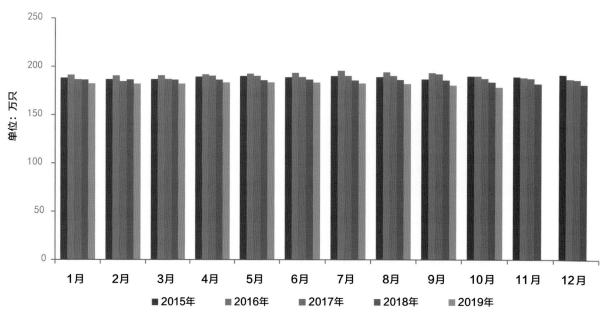

图 4　2015 年 1 月以来监测县能繁母羊存栏情况

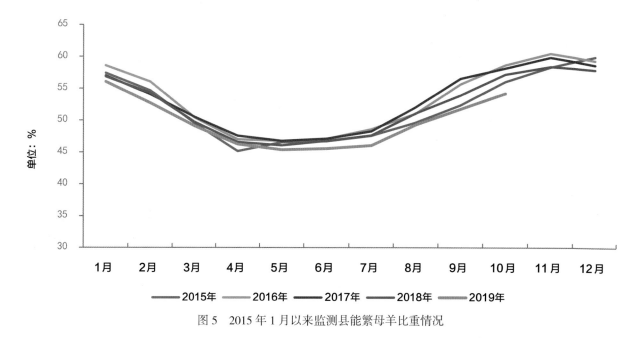

图 5　2015 年 1 月以来监测县能繁母羊比重情况

2.5%，山羊存栏同比下降 0.5%。

3. 能繁母羊存栏和新生羔羊总量继续下降

2019 年 10 月监测县能繁母羊存栏同比下降 3.6%，下降至 2015 年以来低位水平（图 4）。分品种看，绵羊和山羊能繁母羊存栏同比分别下降 3.7% 和 3.1%。能繁母羊比重为 50.9%，同比下降 3.0 个百分点，下降至 2015 年以来低位水平（图 5）。受能繁母羊存栏数量下降影响，2019 年 1–10 月新生羔羊总量同比下降 7.6%。

4. 出售羔羊和架子羊数量同比上升

2019 年 1–10 月，监测县出售羔羊和架子羊数量同比增长 11.5%。从变化

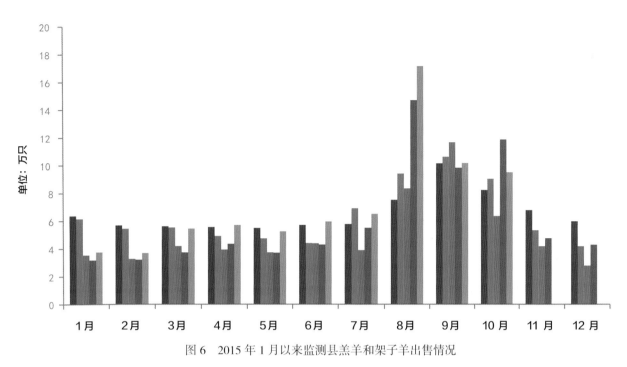

图 6　2015 年 1 月以来监测县羔羊和架子羊出售情况

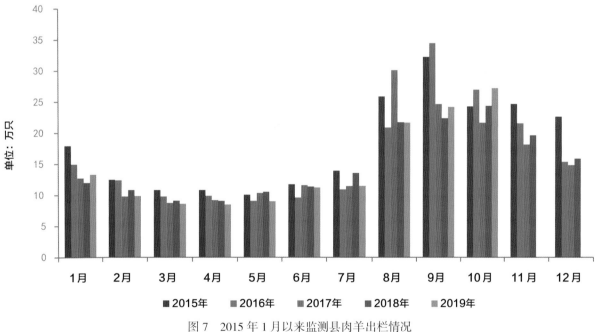

■2015年　■2016年　■2017年　■2018年　■2019年

图 7　2015 年 1 月以来监测县肉羊出栏情况

趋势上看，羔羊和架子羊出售季节性特征明显，8-10 月为羔羊和架子羊出售高峰期，2019 年除个别月份之外，其他月份出售羔羊和架子羊均高于 2018 年同期水平（图 6）。分品种看，绵羊和山羊累计出售羔羊和架子羊数量同比分别增长

12.5% 和 5.2%（图 7）。

（二）肉羊养殖效益显著提升

1. 肉羊出栏价格涨幅明显

2019 年，绵羊平均出栏价格每千克 26.59 元，同比上涨 16.55%；山羊平

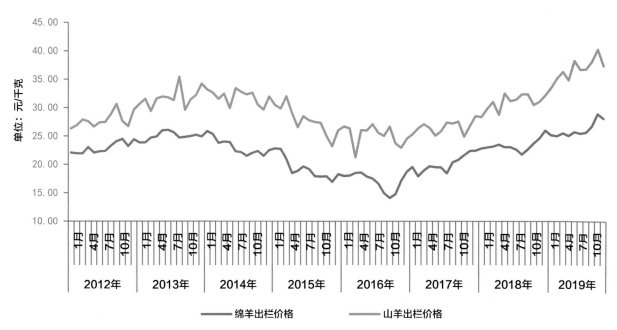

图 8　2012 年 1 月以来肉羊出栏价格变化情况

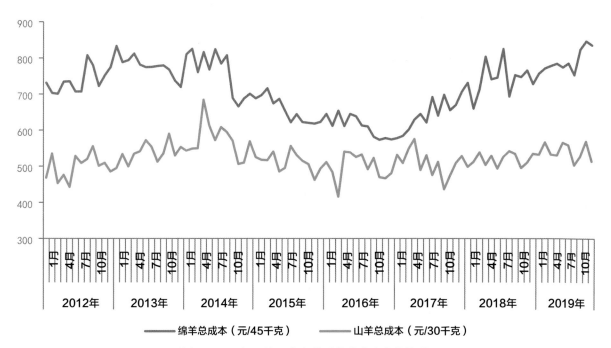

图 9　2012 年 1 月以来肉羊平均总成本变化情况

均出栏价格每千克 36.42 元，同比上涨 19.85%，且均已达到历史高位水平（图 8）。

肉羊供给紧缺和羊肉消费需求增加是肉羊出栏价格持续上涨的主要原因。肉羊供给方面，2017 年下半年以来随着肉

羊养殖效益逐步回升，养殖户养殖积极性逐渐提高，但是由于肉羊较长的养殖周期、更加严格的环保政策以及羔羊紧缺等原因，肉羊生产恢复较为缓慢，肉羊供给仍较紧缺。羊肉需求方面，随着我国居

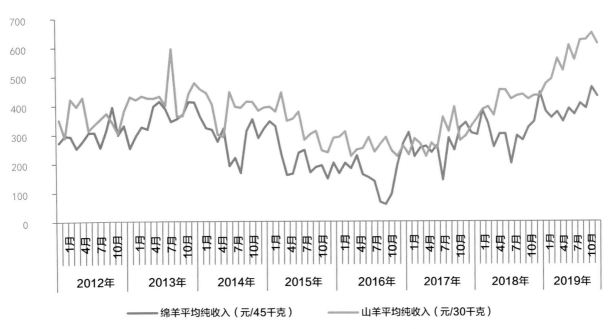

图 10　2012 年 1 月以来肉羊平均纯收入变化情况

民收入水平的大幅提高以及居民肉类消费结构升级，居民的羊肉消费需求持续上升，此外"非洲猪瘟"疫情导致生猪供给下降，作为猪肉替代品的羊肉消费量也进一步增加。

2. 肉羊养殖总成本有所上升

由于羔羊、架子羊、精饲料等费用上升，2019 年肉羊养殖成本有所上升。每只 45 千克绵羊平均养殖成本约 821 元，同比上升 10.5%；每只 30 千克山羊养殖成本为 534 元，同比上升 5.2%。绵羊和山羊养殖成本的上升均受羔羊折价上升影响最大，每只 45 千克绵羊和每只 30 千克山羊养殖成本中羔羊折价分别为 594 元和 357 元，同比分别上升 13.2% 和 5.8%（图 9）。

3. 肉羊养殖效益显著提升

2019 年，每出栏一只 45 千克绵羊和一只 30 千克山羊分别可获利 381 元和

565 元，同比分别上升 31.4% 和 38.3%，且均已达到历史高位水平（图 10）。

4. 自繁自育户只均养殖效益较好，专业育肥户总效益较高

自繁自育户和专业育肥户每只出栏肉羊收入差异较明显，自繁自育户由于养殖成本相对较低，只均养殖收入较专业育肥户高。2019 年自繁自育户每出栏一只 45 千克绵羊和一只 30 千克山羊分别可获利 534 元和 601 元，比专业育肥户分别高 328 元和 217 元。而从养殖总效益看，由于专业育肥户养殖规模大、出栏周期短、出栏率高，总养殖效益好于自繁自育户。2019 年自繁自育户平均存栏 178 只，户均累计出栏 186 只，出栏率为 104.6%，绵羊和山羊户均纯收入分别为 13.0 万元和 6.1 万元；专业育肥户平均存栏 236 只，户均累计出栏达 1 291 只，出栏率为 546.2%，绵羊和山羊户均纯收入分别为

表 1　2019 年我国牧区半牧区与农区肉羊养殖效益情况

（单位：元 /45 千克、元 /30 千克）

月份	绵羊		山羊	
	牧区半牧区	农区	牧区半牧区	农区
1 月	491.29	201.92	367.33	484.17
2 月	496.23	124.45	288.68	519.79
3 月	535.63	204.14	604.32	568.49
4 月	472.29	180.53	787.32	551.44
5 月	464.31	129.86	694.00	703.31
6 月	473.31	255.60	652.73	583.43
7 月	535.78	248.32	831.51	581.75
8 月	442.89	315.00	565.75	702.92
9 月	537.15	383.77	589.89	679.81
10 月	537.17	309.84	586.17	646.41
2019 年 1–10 月平均	514.90	226.54	498.69	560.63
2018 年 1–10 月平均	373.53	196.29	371.18	403.95
同比	37.85	15.41	34.35	38.79

28.6 万元和 24.5 万元。

5. 牧区半牧区绵羊养殖效益高于农区，山羊养殖效益低于农区

2019 年牧区半牧区每出栏一只 45 千克绵羊可获利 515 元，比农区高 288 元；而每出栏一只 30 千克山羊可获利 499 元，比农区低 62 元。牧区半牧区山羊养殖效益较低主要受出栏价格影响，2019 年牧区半牧区山羊出栏价格为 32.91 元 / 千克，比农区低 11.19%，在出栏价格的影响下牧区半牧区每出栏一只 30 千克山羊养殖纯收入比农区低 11.05%。与 2018 年相比，

2019 年我国牧区半牧区、农区的绵羊、山羊养殖效益均有所上升（表 1）。

（三）羊肉价格快速上涨，创历史新高

羊肉价格自 2017 年下半年开始触底反弹后并快速回升，2019 年羊肉价格快速上涨。据对全国 500 个县集贸市场监测，2019 年 1–11 月全国羊肉平均价格每千克 79.60 元，同比上升 21.39%，创历史新高；1–11 月羊肉平均价格每千克 70.71 元，同比上升 15.52%（图 11）。

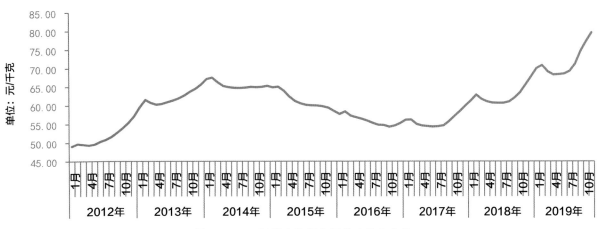

图 11　2012 年以来集贸市场羊肉价格走势

表 2　2019 年我国羊肉进出口情况

（单位：千吨、亿元）

月份 / 年份	进口量	进口额	出口量	出口额
1 月	38.99	1.67	0.27	0.03
2 月	28.37	1.23	0.03	0.003
3 月	30.77	1.33	0.07	0.01
4 月	42.62	1.87	0.07	0.01
5 月	42.04	1.91	0.18	0.02
6 月	32.70	1.52	0.11	0.01
7 月	27.47	1.28	0.09	0.01
8 月	22.13	1.07	0.16	0.02
9 月	24.58	1.19	0.18	0.02
10 月	28.34	1.44	0.27	0.03
11 月	37.12	2.03	0.24	0.03
12 月	37.30	2.08	0.28	0.03
2019 年	392.32	18.74	1.95	0.21
2018 年	319.04	13.15	3.29	0.33
同比	23.0	42.5	−40.7	−35.9

（四）羊肉进口保持增势，贸易逆差进一步扩大

2019 年我国进口羊肉 39.27 万吨，同比增长 23.0%；累计进口金额 18.74 亿美元，同比增长 42.5%。出口羊肉 0.2 万吨，同比下降 40.7%；累计出口金额 0.21 亿美元，同比下降 35.9%（表 2）。2019 年我国羊肉贸易逆差 18.5 亿美元，同比扩大 44.6%。进出口贸易国（地区）比较集中，其中，进口主要来自新西兰和澳大利亚，

从两国的进口量占总进口量的 97.7%；出口目的地主要是中国香港和中国澳门，出口到两地区的数量占总出口量的 91.6%。进口以冻带骨绵羊肉为主，出口以山羊肉为主。

二、2020 年肉羊产业发展展望

（一）肉羊生产将继续恢复

随着肉羊养殖效益的持续提升，养殖户肉羊养殖积极性逐渐提高，2020 年肉羊生产将继续恢复。肉羊存栏数量及能繁母羊存栏数量可能有所上升，但由于较长的养殖周期，肉羊生产恢复速度较慢，导致肉羊供给短时间内上升幅度有限，因此，预计 2020 年肉羊供给可能仍较紧缺。

（二）羊肉消费需求将稳中有升

虽然羊肉价格上升在一定程度上抑制了居民羊肉消费，但随着我国城镇化进程加快、居民收入水平的大幅提高以及居民肉类消费结构升级，居民对高蛋白、低脂肪、富含营养物质的羊肉消费需求总量仍将稳中有升。同时，受"非洲猪瘟"疫情影响，猪肉产量下降，短期内难以恢复至正常水平，而羊肉与猪肉之间的替代效应，会进一步推动羊肉消费增加。

（三）肉羊养殖效益将保持较好水平

考虑到受肉羊生长周期的限制，羊肉供给能力短期内上升程度有限，而羊肉消费需求将稳中有升，短期内羊肉供需矛盾将难以消除，进而推动羊肉价格和肉羊出栏价格继续处于高位水平。因此，预计 2020 年羊肉价格和肉羊出栏价格将继续处于高位，肉羊养殖效益将继续保持较好水平。

（四）羊肉进口规模将进一步扩大

2020 年羊肉供需仍将继续保持紧平衡状态，同时羊肉价格预计也将处于高位水平，国内外价差可能依然较大。随着"一带一路"建设的不断推进，羊肉进口来源国不断扩展，内陆地区进口肉类指定口岸建设进程提速，以及中国－新西兰自贸协定升级谈判的完成，羊肉进口贸易条件便利化将进一步提高。此外，跨境电商的快速发展打破了羊肉进口在时间与空间上的制约，也将进一步促进羊肉进口增加。综合判断，预计 2020 年羊肉进口规模将进一步扩大。

2019 年畜产品贸易形势及 2020 年展望

一、畜产品贸易

2019 年，我国畜产品进口额和贸易逆差均高于去年同期，出口额低于去年同期。畜产品进口额 362.23 亿美元，同比增加 27.0%；出口额 65.01 亿美元，同比减少 5.2%，贸易逆差 297.2 亿美元，同比增加 37.2%。肉及杂碎进口额 188.1 亿美元，同比增长 70.9%；出口额 8.4 亿美元，同比减少 3.0%，贸易逆差 179.8 亿美元，同比增加 77.1%。

（一）猪肉及猪杂碎进口量同比增长

2019 年，猪肉及猪杂碎贸易逆差 63.9 亿美元，同比增长 87.6%。猪肉进口 210.8 万吨，同比增长 76.7%，进口额 45.1 亿美元，同比增加 117.4%；猪杂碎进口 113.2 万吨，同比增加 17.9%；进口额 20.2 亿美元，同比增长 32.2%。猪肉及杂碎主要进口来源国为西班牙、德国、美国、丹麦、荷兰和加拿大，占总进口量的比重分别为 17.8%、16.5%、13.4%、10.1%、9.3% 和 8.8%。猪肉出口 2.66 万吨，

同比减少 36.2%，出口额 1.4 亿美元，同比减少 27.6%。

（二）禽肉及杂碎进口量增长，蛋产品出口量持平

2019 年，禽肉及杂碎贸易逆差 13.9 亿美元，同比增加 147.7%。进口 79.5 万吨，同比增加 57.8%。主要进口国为巴西、阿根廷和泰国，占总进口量的比重分别为 67.6%、10.3% 和 8.9%。出口 21.8 万吨，同比下降 1.6%，主要出口地为中国香港和中国澳门地区，占总出口量的比重分别为 68.2% 和 6.8%。

蛋产品以出口为主，贸易顺差 1.9 亿美元，同比持平；出口 10.1 万吨，同比增加 1.2%。主要出口地为中国香港地区，占总出口量的比重为 76.5%。

（三）牛肉进口量大幅增长

2019 年，牛肉贸易逆差 82.2 亿美元，同比增加 71.4%。牛肉进口 165.9 万吨，同比增加 59.7%，进口额 82.3 亿美元，同比增加 71.4%。主要进口来源国为巴西、阿根廷、澳大利亚、乌拉圭和新西兰，占

2019 年畜牧业发展形势及 2020 年展望报告

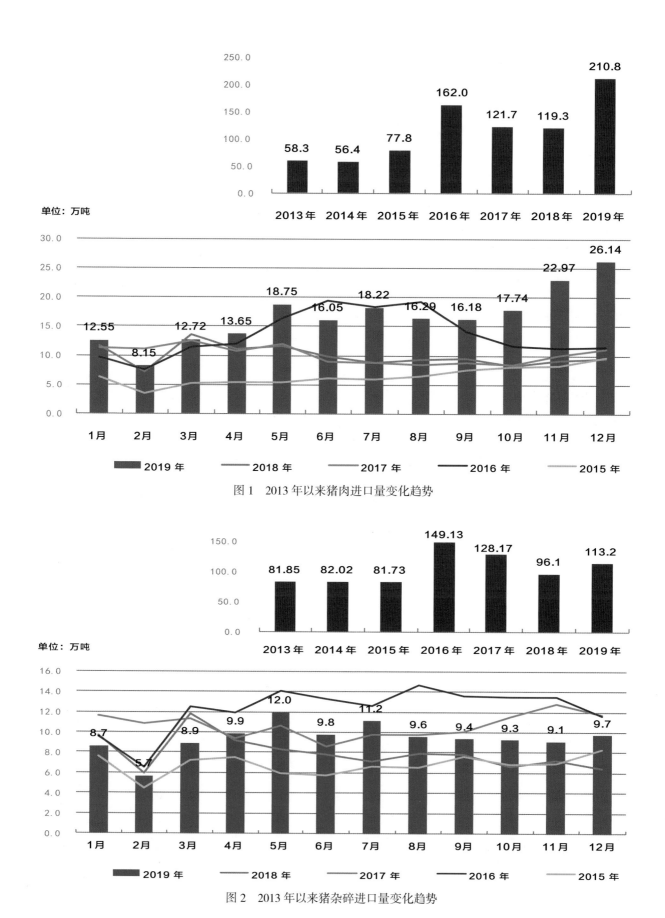

图 1　2013 年以来猪肉进口量变化趋势

图 2　2013 年以来猪杂碎进口量变化趋势

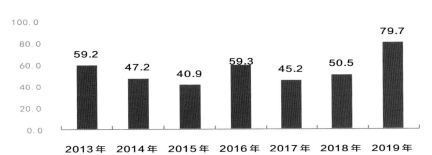

单位：万吨

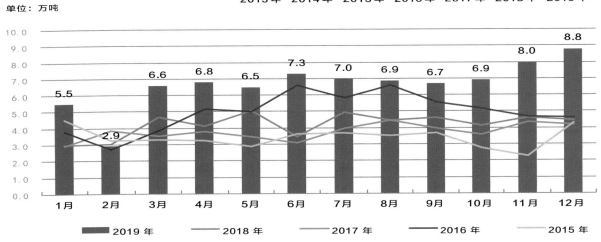

图 3　2013 年以来家禽产品进口量变化趋势

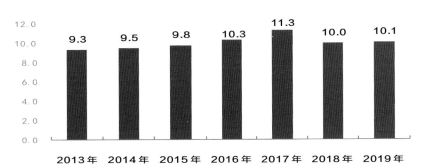

单位：万吨

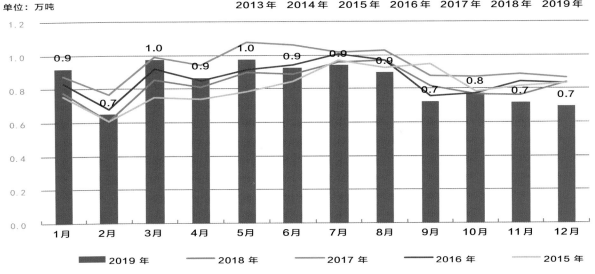

图 4　2013 年以来蛋产品出口量变化趋势

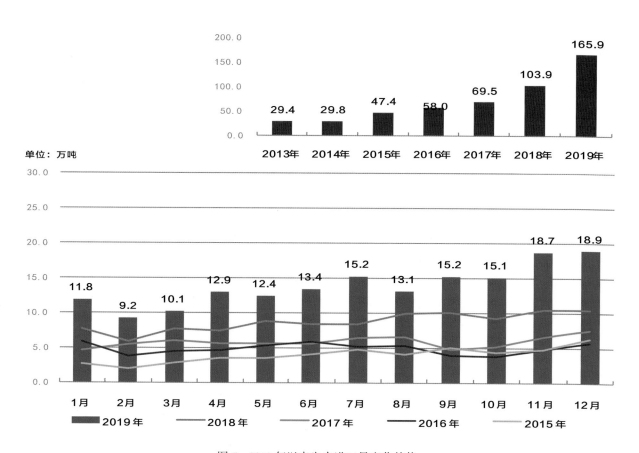

图 5　2013 年以来牛肉进口量变化趋势

总进口量的比重分别为 22.8%、21.4%、21.0%、17.1% 和 13.2%。

（四）羊肉进口量增长

2019 年，羊肉贸易逆差 18.5 亿美元，同比增加 44.6%。羊肉进口 39.2 万吨，同比增加 23%。主要进口国为新西兰和澳大利亚，分别占总进口量的 53.4% 和 44.2%。出口 1 954.3 吨，同比减少 40.7%。

（五）乳品进口量增长

2019 年，乳产品贸易逆差 108.2 亿美元，同比增加 10.3%。乳品进口 298.4 万吨，同比增加 12.8%。进口产品主要以奶粉、乳清粉、鲜奶为主，进口奶粉 139.5 万吨，同比增加 20.9%。其中，工业奶粉（俗称大包粉）101.5 万吨，同比增加 26.6%；婴幼儿奶粉 34.6 万吨，同比增加 6.5%。乳清粉进口 45.1 万吨，同比减少 18.7%。鲜奶进口 89.1 万吨，同比增加 32.3%。乳酪进口 11.5 万吨，同比增加 6.1%。我国乳品进口折鲜[1] 约为 1 741.7 万吨，同比增加 7.1%。主要进口来源国是新西兰，占总进口量的比重为 41.9%。出口 5.5 万吨，同比增加 0.4%。

1　乳品进口折鲜 =（鲜奶 + 酸奶）+（奶粉 + 乳清粉 + 黄油 + 婴幼儿食用配方奶粉 + 乳酪）×8

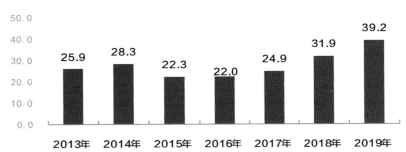

单位：万吨

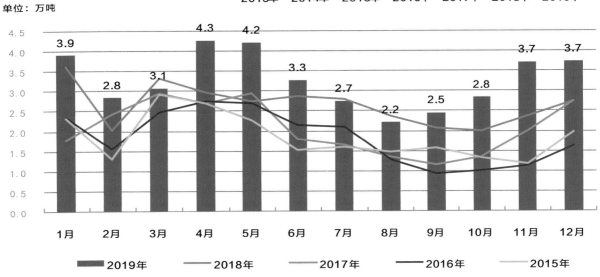

图 6　2013 年以来羊肉进口量变化趋势

单位：万吨

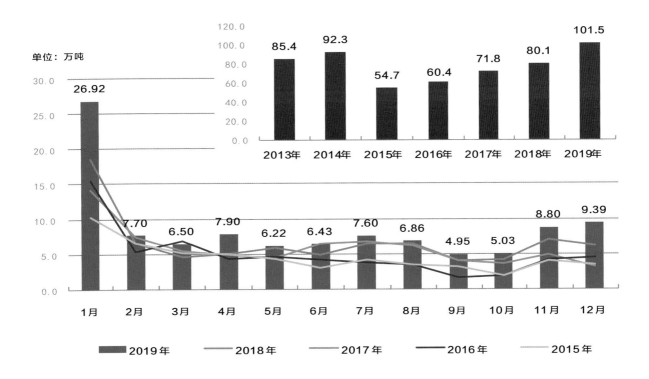

图 7　2013 年以来奶粉进口量变化趋势

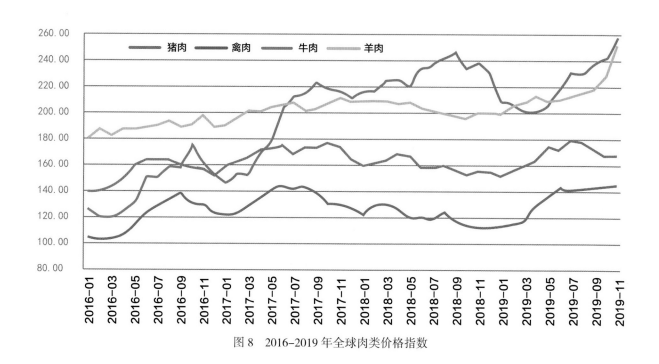

图 8　2016–2019 年全球肉类价格指数

二、国际畜产品市场形势

FAO 肉类价格指数[2] 连续 10 个月上涨（图 5）。据 FAO 数据，肉类价格指数 2019 年 1 月份降至 160.09，2 月呈现升势，4 月份开始同比由跌转涨，环比大幅增加 6.46 个点，同比增 0.55 个点，为 170.91，11 月份为 190.47，环比增 8.40 个点，同比增 27.89 个点。其中，羊肉价格指数连续 8 个月上涨，牛肉价格连续 6 个月上涨，猪肉价格连续 4 个月上涨。禽肉价格指数 2019 年 1 月份为 160.09，2 月份开始环比上涨，5 月份为 172.51，同比由跌转涨，同比增 6.35，11 月份为 167.48，环比涨 0.96 个点，同比增 10.45 个点，连续 7 个月高于上年同期；猪肉价

格指数 1 月份为 117.35，3 月份开始环比增加，4 月份同比由跌转涨，为 130.50，同比增 2.13 个点，11 月份为 144.04 个点，环比涨 1.59 个点，同比增 26.91 个点；牛肉价格指数 2019 年 1 月份为 200.21，2 月份开始环比增加，4 月份同比由跌转涨，由 2 月份 205.43 总体上涨至 11 月份 244.18，环比增 19.71 个点，同比增 43.18 个点；羊肉价格指数 2019 年以来总体呈现涨势，1 月份为 208.37，连续下降至 3 月份 201.82，4 月份开始持续上涨，连续 8 个月上涨至 11 月份 249.59，环比增 13.71 个点，同比增 15.94 个点，10 月份开始羊肉价格指数开始同比上涨。

奶类价格指数[3] 先增后降（图 6）。据 FAO 数据，奶制品价格指数 2018 年

2　以 2002-2004 年全球平均出口价格为基期。猪肉价格指数包括：美国冷冻猪肉出口价、巴西冷冻猪肉出口价和德国 E 级猪肉月均价；禽肉价格指数：美国鸡肉出口 FOB 价格、巴西鸡肉出口 FOB 价；牛肉价格指数：美国冷冻牛肉出口价、巴西冷冻猪肉出口价、澳大利亚 90% 瘦肉率冷冻牛肉对美东海岸港口到岸价；羊肉价格指数：新西兰 15 千克羔羊肉出口价

3　以 2002-2004 年全球平均出口价格为基期，包括黄油、脱脂奶粉、全脂奶粉和奶酪价格

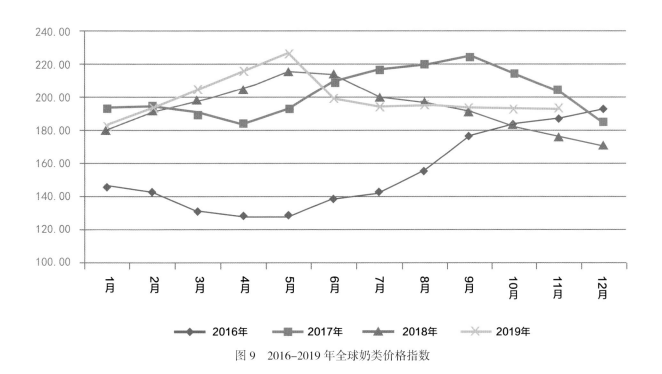

图 9　2016–2019 年全球奶类价格指数

12 月降至 170.0 后连续 5 个月上涨，2019 年 5 月为 226.14，6 月份开始明显下跌，11 月为 192.60，环比增 0.62 个点，同比增 16.77 个点。其中，6–8 月均同比下降，其余月份同比上涨。年末价格上涨主要是由于脱脂奶粉（SMP）和全脂奶粉（WMP）的国际价格涨幅较大，现货供应吃紧。在全球进口需求旺盛的情况下，欧洲牛奶产量进入了季节性低点。黄油价格总体需求良好。奶酪供应略高于需求，三季度末开始呈现跌势。

三、未来中国畜产品贸易展望

2020 年，猪肉和牛肉进口有望继续明显增加，禽肉进口温和增加，羊肉进口小幅增加，奶类进口量稳中有增。在不与其他市场抢占市场份额、不考虑贸易摩擦的背景下，与 2019 年相比，2020 年肉类进口增量可以达到 150 万～200 万吨（美国 95 万吨、欧盟 35 万吨、其他国家合计 70 万吨上下），预计 2020 年猪肉进口量将达到 300 万吨左右，预计全球猪肉进口量达到 1 000 万吨，具有猪肉进口刚性的市场中，墨西哥、日本和韩国国内产量均有不同程度增加，进口需求将会小幅下降；受牛肉消费需求增加和进口来源不断拓展影响，牛肉进口量预计继续增加，预计全年进口量在 200 万吨左右；羊肉进口量预期小幅增加，预计在 35 万吨左右；受国内产能增加影响，进口需求有所下降，但国内外市场需求结构差异将会带动一部分禽肉进口的增加，2020 年禽肉进口量预计在 85 万吨左右；乳品进口量稳中略增，在 280 万～300 万吨。